U0831099

供电企业专业技能培训教材

重要用户配电设备运维与管理

国网武汉供电公司　组编

中国电力出版社
CHINA ELECTRIC POWER PRESS

内 容 提 要

本书根据近年来重要电力用户用电情况，结合实际故障案例，围绕重要用户配电设备的日常运维与应急处置，对现行的客户侧用电相关管理标准、技术标准、工作标准进行了梳理和归纳，从运维标准、常见故障等方面对客户产权的配电设备进行了概括阐述。

本书共分为八章。第一章为供配电系统概述，第二章为电气运行管理制度，第三章为配电设备运行，第四章为配电设备倒闸操作，第五章为配电设备巡检及试验，第六章为配电室标准化管理图例及设备故障图例，第七章为常用仪表，第八章为重大活动安全用电。

本书既可以作为重要电力用户管理人员、运维人员的操作指南，又可作为供电企业相关管理人员参考，还可供普通电力用户学习使用。

图书在版编目（CIP）数据

重要用户配电设备运维与管理/国网武汉供电公司组编. —北京：中国电力出版社，2023.12
供电企业专业技能培训教材
ISBN 978-7-5198-8410-9

Ⅰ. ①重…　Ⅱ. ①国…　Ⅲ. ①配电装置－电力系统运行－管理－技术培训－教材
Ⅳ. ①TM642

中国国家版本馆 CIP 数据核字（2023）第 243179 号

出版发行：中国电力出版社
地　　址：北京市东城区北京站西街 19 号（邮政编码 100005）
网　　址：http://www.cepp.sgcc.com.cn
责任编辑：马淑范（010-63412397）
责任校对：黄　蓓　王海南
装帧设计：赵丽媛
责任印制：杨晓东

印　　刷：三河市百盛印装有限公司
版　　次：2023 年 12 月第一版
印　　次：2023 年 12 月北京第一次印刷
开　　本：710 毫米×1000 毫米　16 开本
印　　张：11.75
字　　数：211 千字
定　　价：68.00 元

《供电企业专业技能培训教材》

丛书编委会

主　　任　夏怀民　汤定超

委　　员　田　超　笪晓峰　沈永琰　刘文超　朱　伟

李东升　李会新　曾海燕

本书编写组

主　　编　李东升

副 主 编　盛俊杰　杨　帆

主　　审　宋甜甜　曾　超　刘　华　黄　琼

参编人员　周　磊　陶菊勤　彭伊伊　程　樾　王思茹

杨　卓　向　黎　周　琪　曾　亮　马彩莲

赵诗琰　谢天程　于博伦　黄　颖　刘辛未

前 言

“国势之强由于人，人材之成出于学”。党的二十大报告中提出，坚持为党育人、为国育才，全面提高人才自主培养质量，着力造就拔尖创新人才，聚天下英才而用之。为新时代做好人才工作指明了方向。培养人才是教育培训的核心职能，要坚持把高质量发展作为教育培训的生命线。在全面提高人才自主培养质量的过程中，立足实际、锐意创新，才能推动教育培训工作的基础性、全局性、先导性作用。

“为学之实，固在践履”。国网武汉供电公司以推进“两个转化、一个融入”为目标，即以“人才势能转化为发展动能、将规模优势转化为高质量发展胜势，融入地方经济社会发展大局”为目标，深入推进“3+1+1”人才体系建设，聚焦职员、工匠、主任工程师、“一长三员”等关键人群，开展履职考核评价。强化全员素质能力提升，分层分类组织干部政治“三力”、青马班、班组长轮训，取得显著成效。然而在双碳、电网转型的背景下，传统的电力技能，无法满足职工对新技能、新工艺的迫切需求。公司主动适应改革发展的新要求、新业态、新模式，组织公司系统内技术技能专家，挖掘近年来在工作中积累的先进经验，结合新理论、新技术、新方法、新设备要求，整理汇编系列培训教材，提高人才自主培养质量，加快建设具有武汉特色、一流水平的高质量“大培训”人才体系。

本套专业教材适用于培训教学、员工自学、技术推广等领域。2023 年首批出版四本，分别是《网络安全漏洞验证及处置》《地区电网调控技术与管理》《重要用户配电设备运维及管理》《信息网络运维与故障处理》，在各专业领域，以各岗位能力规范为指导，以国家、行业及公司发布的法律法规、规章制度、规程规范、技术标准等为依据，以模块化教材为特点，语言简练、通俗易懂，专业术语完整准确。

在出版过程中，参与编写和审定的专家们以高度的责任感和严谨的作风，几易其稿，多次修订才最终定稿。在本套教材即将出版之际，谨向所有参与和支持本书出版的专家表示衷心的感谢！

目 录

第一章　供配电系统概述

电能在日常生活中扮演着举足轻重的角色，社会的各行各业都离不开电能。电能有很多优点：它能够转换为其他能量（机械能、热能、光能、化学能等）；电能的输配易于实现；电能可以做到比较精确地控制、计算和测量，应用灵活。因此，电能在工农业、交通运输业以及人们的日常生活中得到越来越广泛的应用。作为一名电力用户的电气技术人员，应该掌握安全、可靠、经济、合理的供配电能和使用电能技术。

在工矿企业里，电能虽然是工业生产的主要能源和动力，但是它在产品成本中所占的比重一般很小（除电化工业外）。电能在工业生产中的重要性，并不在于它在产品成本或投资额中所占比重的多少，而在于工业生产实现电气化以后可以大大增加产量、提高产品质量、提高劳动生产率、降低劳动成本、减轻工人的劳动强度、改善工人的劳动条件，有利于实现生产过程自动化。从另一方面讲，如果工矿企业的电能供应突然中断，则可能对工业生产产生严重的后果。

因此，工矿企业供配电工作对发展工业生产、实现工业现代化具有十分重要的意义。由于能源节约是工矿企业供配电工作的一个重要方面，而能源节约对于国家经济建设具有十分重要的战略意义，因此，必须做好工矿企业供配电工作。

工矿企业供配电工作要很好地为工厂生产服务，切实保证工厂生产和生活用电的需要，并做好节能工作，因此必须达到以下基本要求。

（1）安全。在电能的供应、分配和使用过程中，不应发生人身事故和设备事故。

（2）可靠。应满足用户对供电可靠性的要求。负荷等级不同的工矿企业对供电可靠性的要求有所差别。衡量供电可靠性的指标一般为全部平均供电时间占全年时间的百分数，即供电可靠性为 99.99%。

安全、可靠不仅是对工矿企业供电的基本要求，同时也是对电力系统的基本要求。电力系统中的各种动力设备以及发电厂、电网和用户的电气设备都有发生故障或遇到异常情况（飓风、暴风雪等）的可能，从而影响电力系统或工矿企业供电系统的正常运行，导致电力用户供电中断，甚至造成重大或无法挽回的损失。

（3）优质。电压和频率的过高或过低都会影响电力系统的稳定性，对用电设备产生危害。

（4）经济。供电要做到技术合理，供电系统投资要少，运行费用要低，以尽可能节约电能和导线，减少有色金属的消耗。

第一节　工矿企业供配电系统的基本概念

电能是由发电厂产生的，但发电厂往往距离城市和工业中心很远，这样就需要将电能通过线路输送到城市或工业企业。为了减少输电时的电能损耗，从发电厂送电到用户的过程中，发电厂发出的电要先经过变电所升高电压才可以大量快速地输送，减少输送途中损耗。高电压须经过变电所降低电压才可以依序分送各地，并逐渐降低到用户可使用的电压。

将各种类型发电厂中的发电机、升压降压变压器、输电线路以及各种用电设备联系在一起构成的统一的整体就是电力系统。电力系统用于实现完整的发电、输电、变电、配电和用电流程。如图 1-1 所示为新型电力系统示意图。

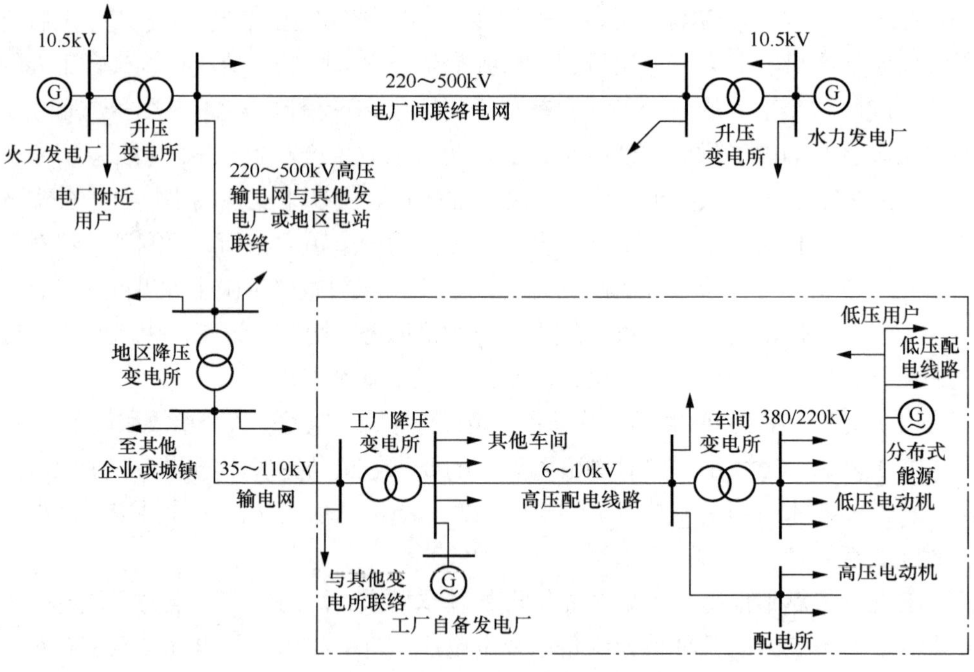

图 1-1　新型电力系统示意图

发电机生产的电能受发电机制造电压的限制，不能远距离输送。因此，通常使发电机的电压经过升压达到 220～500kV，再通过超高压远距离输电网送往远离发电厂的城市或工业集中地区，然后通过降压变电所将电压降到 35～110kV，然后再用 35～110kV 的高压输电线路将电能送至工厂降压变电所降至 10kV 配电所或终端变电所，如图 1-2 所示。

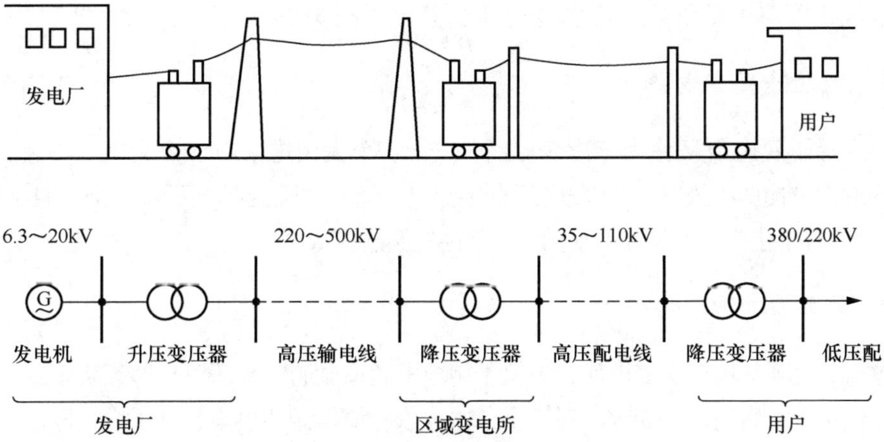

图 1-2　从发电厂到用户的送电过程示意图

一、发电厂的类型

根据各个发电厂使用一次能源的不同，发电厂主要分为以下三种。

1. 火力发电厂

以煤、石油、天然气等作为一次能源，借助汽轮机等热力机械将热能转换为机械能，再由汽轮机带动发电机发电的电厂，称为火力发电厂。

2. 水力发电厂

我国的水力资源极其丰富，据统计目前开发的总量还不足 10%，一些水力资源亟待开发。水力发电厂的生产过程要比火力发电厂简单，它是利用水的位能差进行发电的。

3. 核力发电厂

利用核能发电的电厂称为核力发电厂。核力发电厂使用的一次能源主要是二氧化铀。

二、变电所和配电所

变电所起着变换电能电压、接受电能与分配电能的作用，是联系发电厂与用户的中间环节。如果变电所只用于接受电能和分配电能，则称为配电所。

变电所从结构上可分为屋外式变电所和屋内式变电所。

变电所有升压、降压之分。升压变电所多建在发电厂内，把电能电压升高后，再进行长距离输送。降压变电所多设在用电区域，将高压电能适当降低电压后，对某地区或用户进行供电。降压变电所又分以下三类。

1. 地区降压变电所

地区降压变电所又称为一次变电所，位于一个大用电区或一个大城市附近，从220～500kV的超高压输电网或发电厂直接受电，通过变压器把电压降为35～110kV，供给该区域的用户或大型工厂用电，其供电范围较大。

2. 终端变电所

终端变电所又称二次变电所，多位于用电的负荷中心，高压侧从地区降压变电所受电，经变压器降到6～10kV，对某个市区或农村城镇用户供电，其供电范围较小。

3. 工矿企业降压变电所及车间变电所

（1）工矿企业降压变电所。一般大型工业企业均设有工厂降压变电所，把35～110kV电压降为10kV电压向车间变电所供电。

（2）车间变电所。车间变电所将10kV的高压配电电压降为380/220V，对低压用电设备供电，其供电范围一般在500m以内。

三、工矿企业配电线路

工矿企业内高压配电线路主要用于企业内输送、分配电能使用，通过它把电能送到各个生产厂房和车间。以前工矿企业内高压配电线路多采用架空线路，存在一定的缺陷，另一方面电缆制造技术的发展具有一定的优点，因此现在已逐渐向电缆化方向发展。

工矿企业内低压配电线路主要用于向低压用电设备供电。目前在户外敷设的低压配电线路多采用架空线路。在厂房或车间内部则应根据具体情况确定，或采用明线配电线路，或采用电缆配电线路。在厂房或车间内，由动力配电箱到电动机的配电线路一律采用绝缘导线穿管敷设或采用电缆线路。

车间内电气照明线路和动力线路通常是分开的，一般由一台配电用变压器分别进行照明和动力供电。如采用 380/220V 三相四线制线路供电，则动力设备由380V三相线供电，而照明负荷由220V相线和零线供电，各相所供应的照明负荷应尽量平衡。如果动力设备冲击负荷使电压波动较大，则应使照明负荷由单独的变压器供电。事故照明必须由可靠的独立电源供电。工厂内配电线路距离不长，但用电设备多、支路多；设备的功率不大，电压也较低，但电流较大。

四、电力系统的中性点运行方式

在电力系统中，当变压器或发电机的三相绕组为星形连接时，其中性点有两种运行方式，即中性点接地和中性点不接地。中性点直接接地系统常称为大电流接地系统，中性点不接地和中性点经消弧线圈（或电阻）接地的系统称为小电流接地系统。中性点的运行方式如图 1-3 所示。

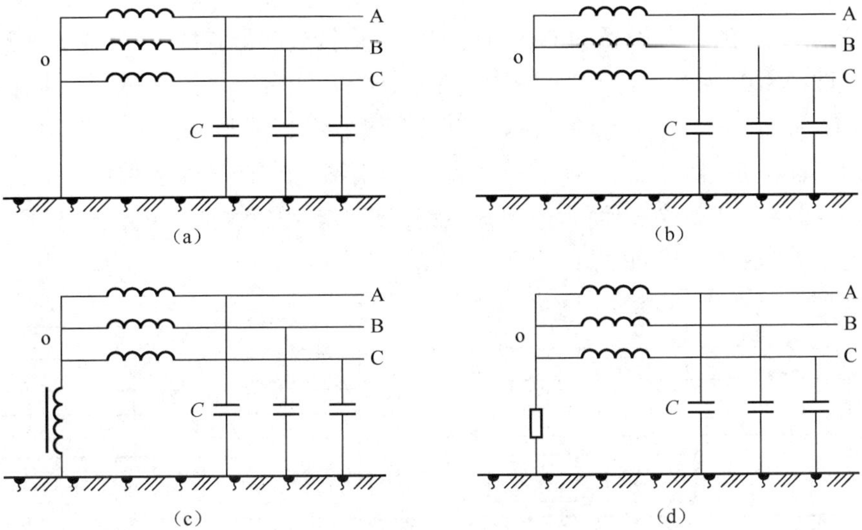

图 1-3 电力系统中性点运行方式

（a）中性点直接接地；（b）中性点不接地；（c）中性点经消弧线圈接地；

（d）中性点经阻抗接地

目前，在我国电力系统中，为降低设备绝缘要求，110kV 以上高压系统多采用中性点直接接地运行方式；6～35kV 中压系统中，为提高供电可靠性，首选中性点不接地运行方式。当接地电流不满足要求时，可采用中性点经消弧线圈或电阻接地的运行方式。

1. 中性点直接接地方式

中性点直接接地方式发生一相对地绝缘破坏时，就构成单相短路，供电中断，可靠性降低。但是，这种方式下的非故障相对地电压不变，电气设备按相电压考虑，降低设备要求。

2. 中性点不接地方式

在正常运行时，各相对地分布电容相同，三相对地电容电流对称且其和为零，各相对地电压为相电压。中性点不接地系统发生单相接地故障时，线电压不变，而非故障相对地电压升高到原来相电压的 3 倍，故障相电流也因此增大到原来的 3 倍。因此，对中性点不接地系统，注意电气设备的绝缘要按照线电压来选择。

3. 低压配电系统的中性点运行方式

低压配电系统按保护接地形式可分为 TN 系统、TT 系统和 IT 系统。

TN 系统中的所有设备的外露可导电部分均接公共保护线（PE 线）或公共的保护中性线（PEN 线）。如果系统中的 N 线与 PE 线全部合为 PEN 线，则称系统为 TN-C 系统，如图 1-4（a）所示；如果系统中的 N 线与 PE 线全部分开，则称系统为 TN-S 系统，如图 1-4（b）所示；如果系统的前一部分线路，其 N 线与 PE 线全部合为 PEN 线，而后一部分线路，N 线与 PE 线全部或部分分开，则称系统为 TN-C-S 系统，如图 1-4（c）所示。

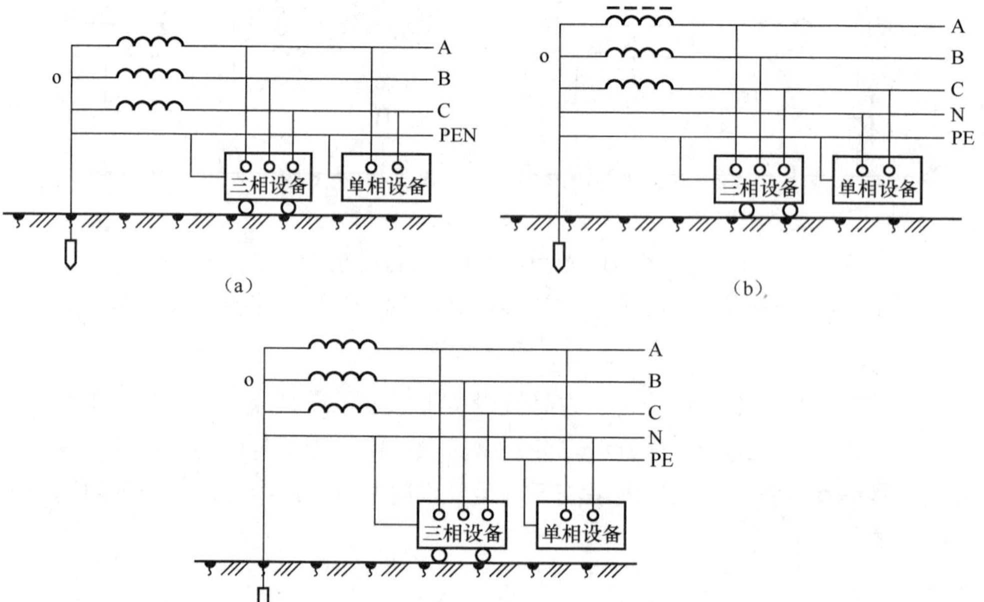

图 1-4　TN 系统
（a）TN-C 系统（b）TN-S 系统（c）TN-C-S 系统

TT 系统中所有设备的外露可导电部分均各自经 PE 线单独接地，如图 1-5 所示。

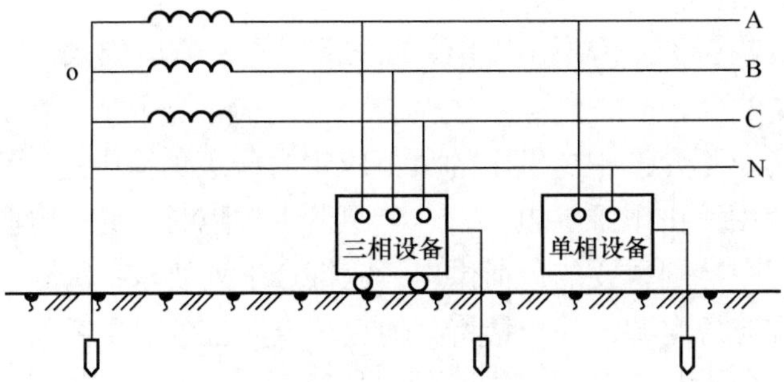

图 1-5 TT 系统

IT 系统中的所有设备的外露可导电部分也都各自经 PE 线单独接地，但其电源中性点不接地或经 1000Ω 阻抗接地，且通常不引出中性线，如图 1-6 所示。

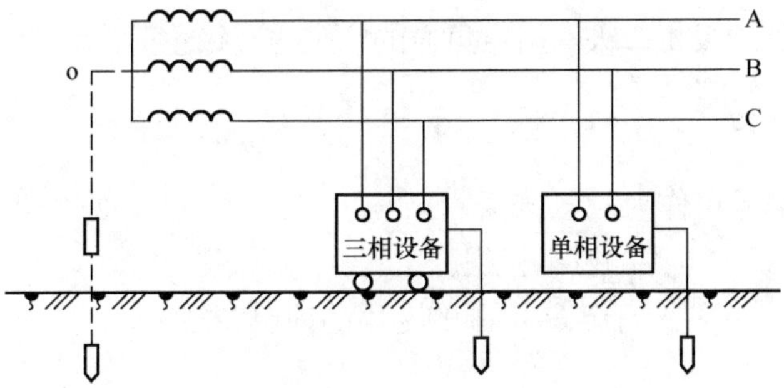

图 1-6 IT 系统

五、电能用户

所有的用电单位均称为电能用户，其用户主要是工业企业。我国工业企业用电占全年总发电量的 60%以上，是最大的电能用户。电能用户按行业可分为工业用户、农业用户、市政商业用户及居民用户等。

六、电力负荷及供电要求

1. 用电负荷分级

用电负荷应根据对供电可靠性的要求及中断供电所产生的损失或影响程度确定，并符合下列要求。

（1）符合下列情况之一时，应定为一级负荷。

1）中断供电将造成人身伤害。

2）中断供电将造成重大损失或重大影响。

3）中断供电将影响重要用电单位的正常工作，或造成人员密集的公共场所秩序严重混乱。

特别重要场所不允许中断供电的负荷应定为一级负荷中的特别重要负荷。

一级负荷应由双重电源供电，当一电源发生故障时，另一电源不应同时受到损坏。一级负荷中特别重要的负荷供电，应符合下列要求：①除应由双重电源供电外，还应增设应急电源，并严禁将其他负荷接入应急供电系统；②设备供电电源的切换时间，应满足设备允许中断供电的要求。

（2）符合下列情况之一时，应定为二级负荷。

1）中断供电将造成较大损失或较大影响。

2）中断供电将影响较重要用电单位的正常工作或造成人员密集的公共场所秩序混乱。

（3）不属于一级和二级的用电负荷的应定为三级负荷。

2. 供电要求

（1）下列电源可作为应急电源。

1）独立于正常电源的发电机组。

2）供电网络中独立于正常电源的专用的馈电线路。

3）蓄电池。

4）干电池。

（2）应急电源应根据允许中断供电的时间选择，并应符合以下规定。

1）允许中断供电时间为15s以上的供电，可选用快速自启动的发电机组。

2）自投装置的动作时间能满足允许中断供电时间的，可选用带有自动投入装置的独立于正常电源之外的专用馈电线路。

3）允许中断供电时间为毫秒级的供电，可选用蓄电池静止型不间断供电装置或柴油机不间断供电装置。

（3）应急电源的供电时间，应按生产技术上要求的允许停车过程时间确定。

（4）二级负荷的供电系统，应由两回线路供电。在负荷较小或地区供电条件困难时，二级负荷可由一回10kV及以上专用的架空线路供电。

（5）各级负荷的备用电源设置可根据用电需要确定。

（6）备用电源的负荷严禁接入应急供电系统。

第二节　变电所主接线形式与工矿企业配电系统基本接线

一、变电所采用的主接线形式

用户变电所主接线应根据电压等级、用电负荷的性质等情况，从安全经济和便于运行维护的角度合理选定主接线的形式。工厂企事业单位常用的主接线形式有以下几种。

（1）线路变压器组式接线。对于中小容量的用户变电所，一般不设母线，采用图 1-7 所示的线路变压器组主接线。这种主接线系统主要特点有：①接线简单，使用设备少；②投资省，维护简单，操作方便；③检修时需要全部停电。

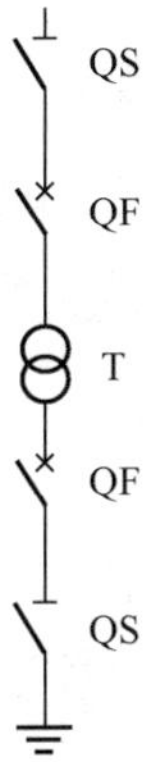

图 1-7　线路变压器组主接线图

（2）单母线式主接线。对于单路供电和双路供电出线回路不多的用户变电所，常采用单母线式接线。双电源供电出线回路较多的，可选用母线分段方式。如图 1-8 所示，这种接线的主要特点是接线简单、操作方便、投资省。

（3）单母线带旁路主接线。对于出线回路较多的变、配电所常采用单母线加旁路母线的接线方式，如图 1-9 所示。这种主接线的特点有：①出线断路器故障时，可以不停负荷进行检修；②供电可靠，运行灵活；③适用于出线回路较多的变电所。

（4）桥式接线。在电力系统中，对于 35kV 及以上的变电所，为节省投资，可采用内桥式接线和外桥式接线，如图 1-10 所示。

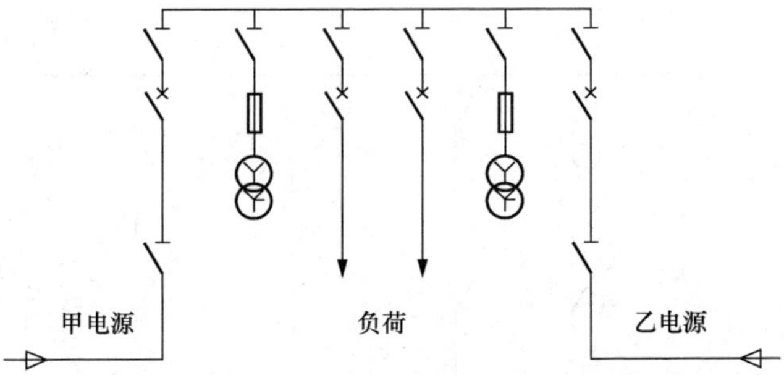

(a)

图 1-8　单母线式主接线图（一）

（a）单电源母线式主接线图

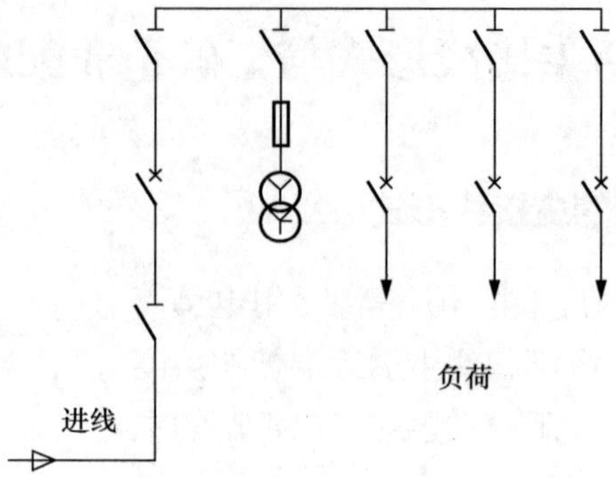

（b）

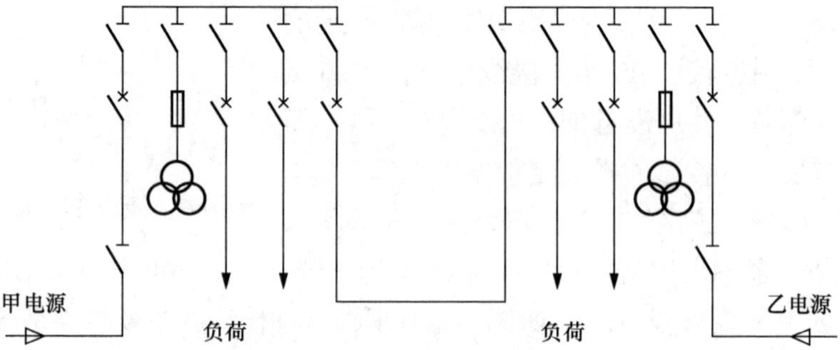

（c）

图 1-8　单母线式主接线图（二）
（b）双电源单母线式主接线图；
（c）双电源单母线分段主接线图

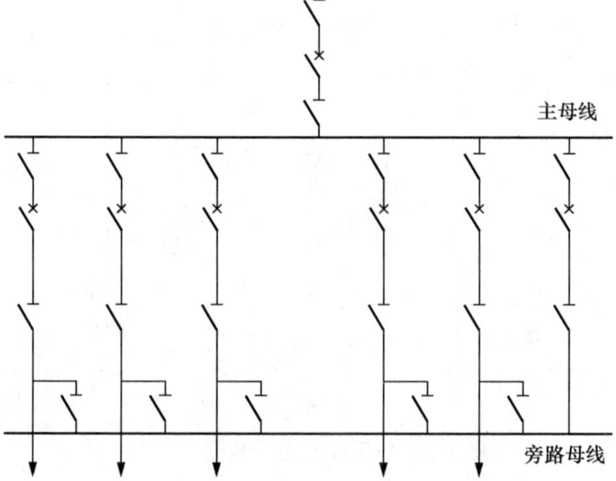

图 1-9　单母线带旁路主接线图

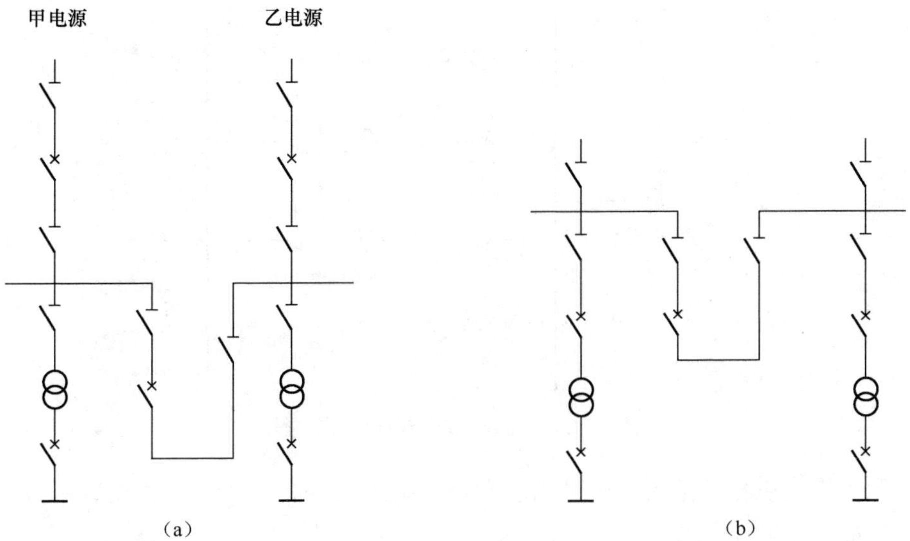

图 1-10　桥式接线
（a）内桥式接线图；（b）外桥式接线图

二、工矿企业配电系统的基本接线

工厂配电系统的基本接线方式有放射式、树干式和环式三种，究竟采用哪种接线方式，要结合负荷对供电可靠性的要求、投资大小、运行维护是否方便以及长远规划等因素，经综合技术经济分析后确定。

（1）放射式线路。如图 1-11 和图 1-12 所示，放射式线路就是从总变配电所的 10kV 母线上直接向车间变配电所或高压用电设备供电，沿线不再接其他负荷。这种配线方式的主要特点有；①线路敷设和保护装置简单；②操作维护方便，易于实现配电自动化；③高压设备多，投资大；④供电可靠性不高。

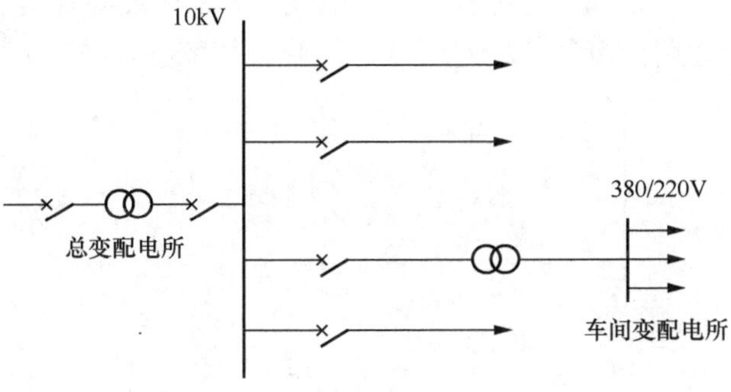

图 1-11　单回路放射式线路示意图

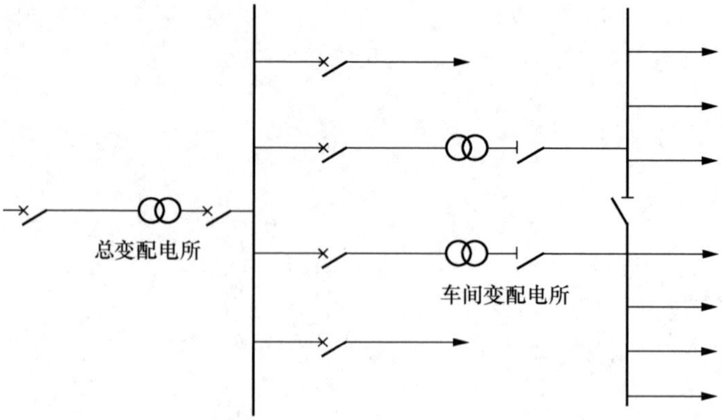

图 1-12　双回路放射式线路示意图

为了提高供电可靠性，可采用双回路放射式线路和具有公共备用线的放射式线路，如图 1-13 所示。

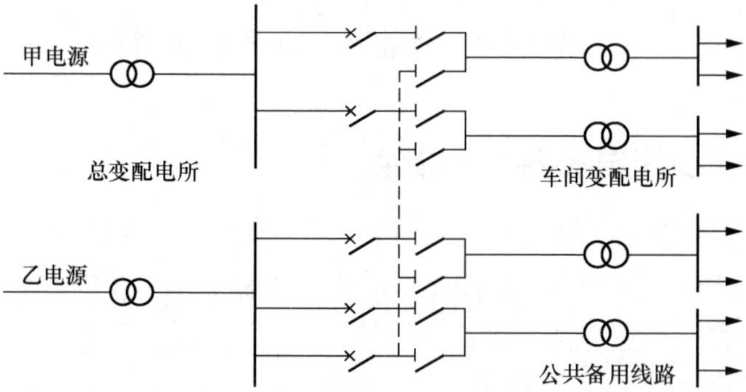

图 1-13　具备公用备用线的放射式线路示意图

（2）树干式线路。是指线路分布像树干一样，既有主干配线，又有分支配线。对于配电线路较长、供电范围大、负荷等级为Ⅱ级以下的用电负荷常采用此类配线方式，如图 1-14 和图 1-15 所示。这种配线方式的主要特点有：①高压电气设备少，投资省；②运行可靠性相对较低，检修或故障会导致大面积停电。

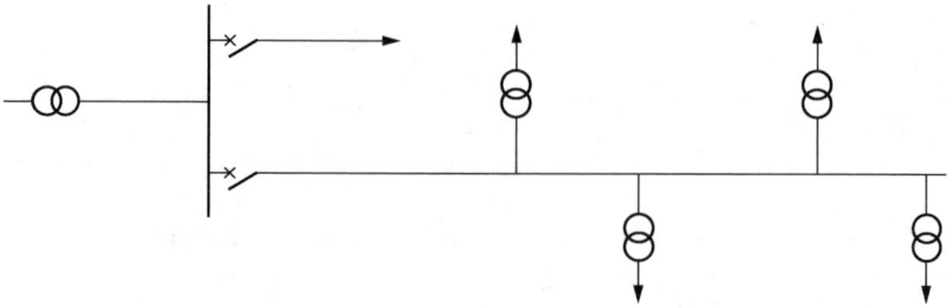

图 1-14　直接连线型树干式线路图

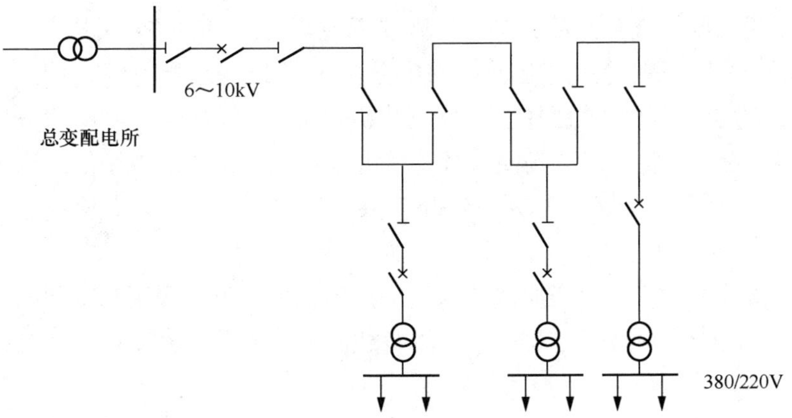

图 1-15　串联型树干式线路图

（3）环式线路。为提高供电可靠性，把两条串联型树干式线路联络起来，就构成了环式线路，如图 1-16 所示。这种接线方式的主要特点有：①运行灵活，供电可靠性高；②运行方式灵活，可以开环或闭环运行；③投资较高，而且往往会产生迂回供电现象。

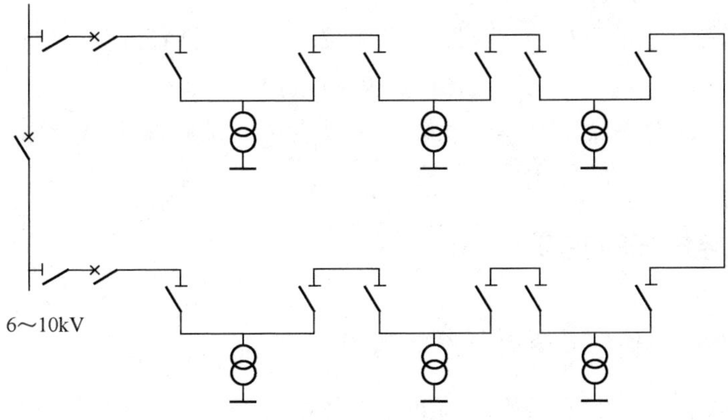

图 1-16　环式线路图

三、配电电压确定和电压调整

工厂内部的电压调整和供电电源的电压调节是一个不可分割的整体。在电力系统中，负荷点有很多，对其电压水平不可能一一进行监视。在电力系统正常的状况下，受电端的电压允许有一定的偏差。因此，要保证供电系统各用户设备的端电压满足要求，在工厂内部还必须采取合理的电压调整措施。

（1）合理选择变压器分接头，进行有载或无载调压。变压器的分接头调整是通过改变变压器的绕组匝数，进行有载或无载调压。6300kVA 及以下的变压器，高压绕组的调压范围为额定电压 ± 5%的分接头。当一次侧电压 U_1 偏高，致使二次侧电压 U_2 也偏高时，根据变压器基本原理 $U_1/U_2=N_1/N_2=K$，则应将分接头换接到 U_{1N}+5%的分接头，二次侧便可获得接近额定电压 U_{2N} 的电压值。当一次侧电压偏低时，可将分接头调到 U_{1N}−5%的分接头，同样二次侧可获得接近 U_{2N} 的电压值。

对于负荷变动大、电压质量要求高的用电设备，可以采用有载调压变压器供电。在变压器带负荷运行过程中，利用有载调压分接开关来变换一次绕组的分接头，改变其有效匝数，进行分级调压。

（2）合理减少系统阻抗。增加短路容量，合理减小系统阻抗，能减少电压波动，一般采用的方法如下。

1）采用双线并联供电。

2）在供电给剧烈变动负荷的供电线路上不设置电抗器。

3）采用串联补偿，能瞬时地、毫无惯性地自动调节电压。但要注意在选择断路器时尽量选用切断能力大的断路器，对串联电容器来说，还要考虑短路情况下的过电压和高次谐波的谐振问题。

（3）合理进行无功补偿。线路中电压损失 ΔU 的计算式为

$$\Delta U = (PR + QX)/U$$

上式表明，合理就地补偿无功功率，减少 Q，能够减少 ΔU，从而起到改善电压质量，稳定电压的作用。

四、安全电压的使用

1. 电流对人体的危害程度与主要因素

电流对人体伤害的严重程度与通过人体电流的大小、频率、持续时间、途径以及人体的电阻大小等因素有关。

（1）人体被伤害程度与电流大小的关系。通过人体的电流越大，人体的生理反应越明显，感觉越强烈，引起心室颤动所需的时间越短，致命的危险就越大。

对于工频交流电，按照通过人体电流的大小和人体所呈现的不同状态大致可分为以下三种。

1）感觉电流：引起人的感觉的最小电流，称为感觉电流。实验表明，成年男性的平均感觉电流约为 1mA，成年女性约为 0.7mA。

2）摆脱电流：人触电后能自主摆脱电源的最大电流称为摆脱电流。实验表

明，成年男性的平均摆脱电流约为 16mA，成年女性约为 10mA。

从安全角度考虑，男性的最小摆脱电流为 10mA，女性为 6mA，儿童的摆脱电流较成人更小。

3）致命电流：在较短时间内危及生命的最小电流，也可以说引起心室颤动的电流称为致命电流。

引起心室颤动的电流与通过时间有关。实验表明，当电流通过时间超过心脏搏动周期时，引起心室颤动的电流，一般是 50mA 以上。当通过电流达数百毫安时，心脏会停止跳动，可能导致死亡。

（2）人体被伤害程度与电流频率的关系。目前一致认为工频 50～60Hz 为最危险，大于或小于工频时，危险性就降低。

（3）人体被伤害程度与通电时间的关系。

1）通电时间越长、人体电阻因出汗等原因而降低等，导致通过人体电流的增加，触电的危险性亦随之增加。

2）通电时间越长，越容易引起心室颤动，即触电危险性越大。

（4）人体被伤害程度与电流途径的关系。电流通过人体的途径中，以经过心脏为最危险。因为电流通过心脏会引起心室颤动，较大的电流还会使心脏停止跳动，这都会使血液循环中断进而导致死亡。因此，从左手到胸部是危险的电流途径；从手到手、从手到脚也是很危险的电流途径；从脚到脚是危险性较小的电流途径。

（5）人体被伤害程度与人体电阻的关系。人体电阻基本上按照表皮角质层电阻大小而定，但由于皮肤状况、触电接触等情况不同，故电阻值亦有所不同。例如，皮肤较潮湿、触电接触紧密时，人体电阻就小，通过的触电电流就越大，所以危险性也就随之增加。

2. 人体的电阻值与安全电压

一般人体的电阻分为皮肤的电阻和内部组织的电阻两部分，由于人体皮肤的角质外层具有一定的绝缘性能，因此，决定人体电阻的主要是皮肤的角质外层。人体外表面角质外层的厚薄不同，电阻值也不相同。一般人体承受 50V 的电压时，人的皮肤角质外层绝缘就会出现缓慢破坏的现象，几秒后接触点即可生出水泡，从而破坏了干燥皮肤的绝缘性能，使人体的电阻值降低。电压越高，电阻值降低越快。另外人体出汗、身体有损伤、环境潮湿、接触带有能导电的化学物质、精神状态不良等情况都会使皮肤的电阻值显著下降。人体内部组织的电阻不稳定，不同的人内部组织的电阻也不同，但有一个共同的特点就是人体内部组织的电阻与外加的电压大小基本没有关系。

据测量和估计，一般情况下人体电阻值在 2kΩ～20MΩ 的范围内。皮肤干燥时，当接触电压在 100～300V 时人体的电阻值为 100～1500Ω。对于电阻值较小的人，甚至几十伏的电压也会有生命危险。某些电阻值较低的人不慎触电，皮肤也碰破，其可能致命的危险电压为 40～50V。对大多数人来说，触及 100～300V 的电压，将会有生命危险。

安全电压：我国确定的安全电压有 42、36、24、12、6V 五个额定等级。我国采用的安全电压以 36V 和 12V 居多。

为什么把 36V 规定为安全电压的界限呢？因为人体通过 5mA 以下的电流时，只产生“麻电”的感觉，没有危险。而人体干燥皮肤的电阻一般在 1kΩ 以上，在 36V 电压下，通过人体的电流在 5mA 以下。所以，一般来说 36V 的电压对人体是安全的。

但应注意，在潮湿的环境中，安全电压值应低于 36V。因为在这种环境下，人体皮肤的电阻会变小，这时加在人体两部位之间的电压即使是 36V 也是危险的。所以，这时应采用更低的 24V 或 12V 电压才是安全的。

第三节 电力系统的电压

一、供电质量的主要指标

对工业用户而言，衡量供电质量的主要指标是交流电的电压和频率。

1. 电压

交流电的电压质量包括电压数值与波形两个方面。电压质量对各类用电设备的工作性能、使用寿命、安全及经济运行都有直接的影响。用电设备在其额定电压下工作时，既能保证设备运行正常，又能获得最大的经济效益。

电网的电压偏差过大时，不仅会影响电力系统的正常运行，还会危害用电设备。以照明用白炽灯为例，当加在白炽灯泡上的电压低于其额定电压时，其发光效率会降低，使人的身体健康受到影响，降低劳动生产率。

感应电动机的最大转矩与端电压的平方成正比。当电压降低时，转矩急剧减小，以致转差增大，从而使定子、转子电流都显著增大，引起温升增加，绝缘迅速老化，甚至烧毁电动机。

2. 频率

我国工业标准电流频率为 50Hz，有些工业企业有时才会用较高的频率，以提高生产效率。例如，汽车制造或其他大型流水作业的装配车间采用频率为 175～180Hz 的高频设备，某些机床采用 400Hz 的电动机以提高切削速度，锻压、热处理及熔炼采用高频加热等。

电网低频率运动时，所有用户的交流电动机转速都将相应降低，因而许多工厂的产量和质量都将不同程度地受到影响。

频率的变化对电力系统运行的稳定性影响很大，因此对频率的要求比对电压的要求严格得多，一般不得超过 ± 0.5%，电网容量在 300 万 kW 及以上者不得超过 ± 0.2%。频率的调整主要依靠发电厂完成。

二、电力系统的额定电压

根据我国国民经济的发展，考虑技术经济上的合理性，并使电气设备生产标准化和系列化，我国颁布的三相交流电网和电力设备额定电压的国家标准详见表 1-1。

表 1-1 我国交流电网和电力设备的额定电压

电网和用电设备额定电压（kV）	交流发电机额定线电压（kV）	变压器额定电压（kV）	
		一次电压	二次电压
0.22	0.23	0.22	0.23
0.38	0.4	0.38	0.4
3	3.15	3 或 3.15	3.15 或 3.3
6	6.3	6 或 6.3	6.3 或 6.6
10	10.5	10 或 10.5	10.5 或 11
—	15.75	15.75	—
35	—	35	38.5
60	—	60	66
110	—	110	121
154	—	154	169
220	—	220	242
330	—	330	363
500	—	500	525

1. 用电设备的额定电压

用电设备的额定电压和电网的额定电压是一致的。由于用电设备运行时要在线路中产生电压损耗，导致线路上各点的电压略有不同，如图 1-17 所示，但是成批生产的用电设备，其额定电压只能按照线路首端与末端的平均电压，即电网的额定电压来制造。因此，规定用电设备额定电压与电网的额定电压相同。

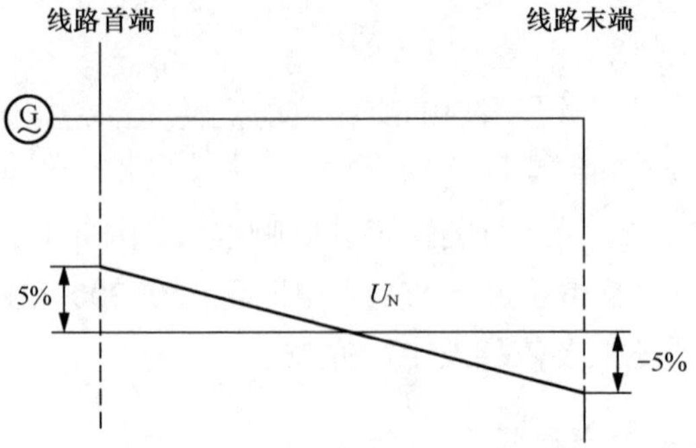

图 1-17　用电设备的额定电压说明

2. 发电机的额定电压

由于同一电压线路的一般允许电压偏差是 ± 5%，即整个线路允许有 10%的电压损耗。因此，为了保证线路首端与末端的平均电压在额定值，线路首端应比电网的额定电压高 5%，如图 1-18 所示。而发电机接在线路首端，所以规定发电机的额定电压高于所供电网额定电压的 5%，用于补偿线路电压损失。

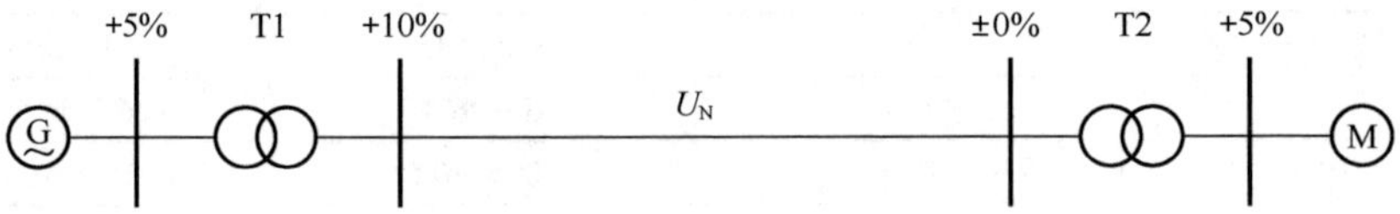

图 1-18　发电机的额定电压

3. 电力变压器的额定电压

（1）电力变压器（以下简称为变压器）一次侧额定电压。变压器的一次绕组连接在某一级额定电压线路的末端，可将变压器看作线路上的用电设备，因此，其一次侧额定电压与用电设备（或该电网）的额定电压相同。但如果变压器直接与发电机相连时，其一次侧额定电压就应与发电机额定电压相同，即比电网的额定电压要高 5%。

（2）变压器二次侧额定电压。变压器的二次绕组向负荷供电，相当于一个供电电源，其二次绕组额定电压也应高出线路额定电压的 5%。又由于变压器二次绕组额定电压规定为变压器的空载电压，而变压器通过额定负荷电流时，其内部绕组会有 5%的电压损失，因此如果变压器二次侧供电线路很长（如较大容量的高压线路），则变压器二次绕组额定电压一方面要考虑补偿变压器内部 5%的电压损失，另一方面要考虑变压器满载时输出的二次电压还要高于线路额定电压的 5%，以补偿线路上的电压损耗。因此，变压器二次绕组的额定电压要比线路额定电压高 10%。如果变压器二次侧供电线路不长（如低压线路，或直接供电给高、低压用电设备的线路），则变压器二次绕组的额定电压只需高于二次侧线路额定电压的 5%，仅考虑补偿变压器内部 5%的阻抗电压降。

综上所述，在同一电压等级中，电力系统各个环节（发电机、变压器、电力线路、用电设备）的额定电压数值并不都相同。

三、工矿企业供配电电压的选择

1. 工矿企业供电电压的选择

地区变电所向工矿企业供电的电压及工矿企业内部的供配电电压的选择与很多因素有关，但主要取决于地区电力网的电压、工矿企业用电设备的容量和输送距离等。提高送电电压可以减少电能损耗，提高电压质量，节约有色金属，但却增加了线路及设备的投资，因此，对应一个电压等级要有一个合理的输送容量与输送距离。常用各级电压经济输送容量与输送距离的关系详见表 1-2。

表 1-2　常用各级电压的经济输送容量与输送距离

线路电压（kV）	输送功率（kW）	输送距离（km）
0.38	100 以下	0.6
3	100～1000	1～3
6	100～1200	4～15
10	200～2000	6～20
35	2000～10000	20～50
110	10000～50000	50～150
220	100000～500000	100～300

工矿企业供电电压基本上只能选择地区原有电压，自己另选电压等级的可能性不大。

（1）对于一般没有高压用电设备的小型企业，设备容量在 100kW 以下，输送距离在 600m 以内的，可选用 380/220V 电压供电。

（2）对于中小型企业，设备容量在 100～2000kW，输送距离在 4～20km 以内的，可采用 6～10kV 电压供电。

（3）对于大型企业，设备容量在 2000～50000kW，输送距离在 20～150km

以内的，可采用 35～110kV 电压供电。

2. 工矿企业配电电压的选择

工矿企业的高压配电电压一般选用 10kV。10kV 线路可减少投资，节约有色金属，减少线路电能损耗和电压损耗，更适应发展，所以企业内一般选用 10kV 作为高压配电电压。但如果企业供电电源的电压就是 6kV，或企业使用的 6kV 电动机多而分散，则可以采用 6kV 的配电电压。

企业的低压配电电压，除因安全所规定的特殊要求电压外，一般采用 380/220V，380V 为三相配电电压，供电给三相用电设备及 380V 单相用电设备，220V 作为单相配电电压，供电给一般照明灯具及 220V 单相用电设备。对于矿山及化工等部门，因其负荷中心离变电所较远，为减少线路电压损耗和电能损耗，提高负荷端的电压水平，也有采用 10kV 配电电压的。

第四节 电 能 质 量

一、电能质量的标准

现代电力系统除了满足电能的供求需要外，还必须保障供电系统及客户对电能质量的要求。电能是电力系统的唯一产品，电能质量的好坏，直接影响着电网、工农生产以及人民生活的正常秩序。

电能质量是指供用电客户端的电能品质的优劣程度，通常以供用电双方供电设备产权分界点（或供用电合同规定的售电电能计量装置安装点）的电能质量作为评价依据。电能质量包括频率质量和电压质量两部分。

区分电能质量的优劣，主要考虑电能的频率、幅值、波动及三相的平衡度是否符合国家为电能质量而制定的相关标准。

（一）电能质量指标及标准

1. 频率偏差允许值（GB/T 15945—2008）

（1）电力系统的正常频率偏差允许值为 ± 0.2Hz。当系统容量小时，偏差值可以放宽到 ± 0.5Hz。

（2）客户冲击负荷引起的系统频率变动一般不得超过 ± 0.2Hz，根据冲击负荷的性质和大小以及系统的条件也可以适当变动限制，但应保证近区电力网、发电机组和客户的安全稳定以及正常供电。

2. 供电电压允许偏差（GB/T 12325—2008）

（1）35kV 及以上供电电压正、负偏差的绝对值之和不超过额定电压的 10%。

（2）10kV 及以下三相供电电压允许偏差为额定电压的 ± 7%。

（3）220V 单相供电电压允许偏差为额定电压的+7%、−10%。电压偏差的计算式为

电压偏差（%）=100%×（实测电压−额定电压）/额定电压

3. 电压波动和闪变的允许值（GB/T 12326—2008）

（1）电力系统公共供电点，由冲击性功率负荷产生的电压波动允许值详见表 1-3。

表 1-3　由冲击性功率负荷产生的电压波动允许值

额定电压（kV）	电压波动允许值 U_-（%）	额定电压（kV）	电压波动允许值 U_-（%）	额定电压（kV）	电压波动允许值 U_-（%）
10 以下	2.5	35～110	2	220 及以上	1.6

（2）电力系统公共供电点，由冲击性功率负荷产生的闪变电压值应满足 ΔU 的允许值，具体详见表 1-4。

表 1-4　由冲击性功率负荷产生的闪变电压值应满足 ΔU 的允许值

应用场合	ΔU 允许值（%）	应用场合	ΔU 允许值（%）
对照明要求较高的白炽灯负荷	0.4（推荐值）	一般照明负荷	0.6（推荐值）

4. 电压不平衡度允许值（GB/T 15543—2008）

（1）电力系统公共连接点正常电压不平衡度允许值为 2%，短时不得超过 4%。电气设备额定工频的电压允许不平衡度和负序电流允许值仍按各自标准规定。例如，旋转电动机按 GB/T 755—2019《旋转电机　定额和性能》规定执行。

（2）接于公共接点的每一个客户，引起该点正常电压不平衡度的允许值一般为 1.3%，根据连接点的负荷状况，邻近发电机、继电保护和自动装置的安全运行要求可作适当变动，但必须满足第一条的规定。

5. 公用电网谐波允许值（GB/T 14549—1993）

（1）谐波电压限值。公用电网谐波电压限值详见表 1-5。

表 1-5 公用电网谐波电压限值

电网标称电压（kV）	电压总谐波畸变率（%）	各次谐波电压含有率（%）	
		奇次	偶次
0.38	5.0	4.0	2.0
6	4.0	3.2	1.6
10			
35	3.0	2.4	1.2
66			
110	2.0	1.6	0.8

（2）谐波电流允许值。

1）公共连接点的全部客户向该点注入的谐波电流分量（方均根值）不应超过表 1-6 中规定的允许值。当公共连接点处的最小短路容量不同于基准短路容量时，表 1-6 中的谐波电流允许值应进行换算。

表 1-6 谐波电流允许值

标准电压(kV)	基准短路容量(MVA)	谐波次数及谐波电流允许值（A）											
		2	3	4	5	6	7	8	9	10	11	12	13
0.38	10	78	62	39	62	26	44	19	21	16	28	13	24
6	100	43	34	21	34	14	24	11	11	8.5	16	7.1	13
10	100	26	20	13	20	8.5	15	6.4	6.8	5.1	9.3	4.3	7.9
35	250	15	12	7.7	12	5.1	8.8	3.8	4.1	3.1	5.6	2.6	4.7
66	500	16	13	8.1	13	5.4	9.3	4.1	4.3	3.3	5.9	2.7	5.0
110	750	12	9.6	6.0	9.6	4.0	6.8	3.0	3.2	2.4	4.3	2.0	3.7

注 220kV 基准短路容量取 2000MVA。

2）同一公共连接点的每个客户向电网注入的谐波电流允许值按此客户在该点的协议容量与其公共连接点的供电设备容量之比进行分配。

（二）电能质量指标运行合格率

各项电能质量指标运行偏差（百分数）应当在国家标准规定的允许偏差以内。考虑到电网结构、运行方式以及客户用电特性等因素，各项电能质量指标运行合格的标准如下。

（1）连续运行统计期（年、季、月）内电网频率合格率应不低于 99.5%。

（2）连续运行统计期（年、季、月）内电压合格率应不低于下列值：①专线和 10kV 及以上客户受电端的电压合格率为 98%；②380V（220V）客户受电端电压合格率应不低于 95%。

（3）电压波动与闪变合格率应不低于 99%。

（4）三相电压不平衡度合格率应不低于 98%。

（5）电压正弦波畸变合格率应不低于 98%。

二、谐波产生的原因及其危害

（一）谐波的定义

依据《电能质量公用电网谐波》（GB/T 14549—1993）规定，谐波是指："对周期性交流分量进行傅里叶级数分解，得到的频率为基波频率大于 1 整数倍的分量"。通俗地说，谐波是一个周期电气量的正弦分量，其频率为基波频率的整数倍。

（二）谐波的产生

向电网注入谐波电流或在公用电网中产生谐波的电气设备叫作谐波源。电网中的主要谐波源如下。

（1）具有铁磁饱和特性的铁芯设备，如变压器、电抗器等。

（2）以具有强烈非线性特性的电弧为工作介质的设备，如气体放电灯、交流弧焊机、炼钢电弧炉等。

（3）以电力电子元件为基础的开关电源设备，如各种电力变流设备（整流器、逆变器、变频器）、相控调速和调压装置，大容量的电力晶闸管可控开关设备等，它们大量运用于化工、电气铁道、冶金、矿山等工矿企业以及各式各样的家用电器中。

这些谐波源均是非线性负载，它们从电网取用非正弦电流，这种电流波形是由基波和与基波频率成整数倍的谐波组成，即产生了谐波，使电网电压严重失真。电网中的高次谐波污染日益严重，对电力系统产生了严重危害。

（三）谐波的危害

1. 对电力系统运行的影响

（1）引起电力系统局部的并联或串联谐振，导致电压互感器等设备损坏。

（2）导致变电站系统中的设备和组件产生附加的谐波损耗，引起电力变压器、电力电缆等设备发热，并加速绝缘材料的老化。

（3）导致断路器电弧熄灭时间延长，影响断路器的开断容量。

（4）增大附加磁场的干扰等。

2. 对电力电容器运行的影响

（1）当配电系统非线性用电负荷比重较大，并联电容器组投入时，由于电容器组的谐波阻抗小，注入电容器组的谐波电流大，使电容器过负荷而严重影响其使用寿命。

（2）电容器组的谐波容抗与系统等效诺波感抗相等而发生诺振时，引起电容器谐波电流严重放大，使电容器过热而导致损坏。

3. 对同步电动机或异步电动机运行的影响

（1）高次谐波旋转磁场产生的涡流，使旋转电动机的铁损增加，使同步电动机的阻尼绕组过热，感应电动机定子和转子产生附加铜损。

（2）高次谱波电流还将引起振动力矩，使电动机转速发生周期性变化。畸变电压作用时，电动机的绝缘寿命将缩短。

4. 对继电保护及自动装置的影响

谐波对电力系统中以负序（基波）量为基础的继电保护和自动装置的影响十分严重，这是由于这些负序（基波）量整定值的保护装置整定值小、灵敏度高。如果在负序基础上叠加上谐波的干扰（如电气化铁道、电弧炉等谐波源还是负序源）则会引起发电机负序电流保护误动（若误动引起跳闸，则后果严重），变电站主变压器的复合电压启动过电流保护装置负序电压元件误动，母线差动保护压闭锁元件误动以及线路各种型号的距离保护、高频保护、故障录波器、自动准同期装置等发生误动，严重威胁电力系统的安全运行。

5. 对计量装置的影响

由于电力计量装置都是按 50Hz 的标准的正弦波设计的，当供电电压或负荷电流中有谐波成分时，会影响感应式电能表的正常工作。在有谐波源的情况下，谐波源用户处的电能表记录了该用户吸收的基波电能并扣除一小部分谐波电能，从而导致谐波源虽然污染了电网，却反而少交电费；而与此同时，线性负荷用户处，电能表记录的是该用户吸收的基波电能及部分谐波电能，这部分谐波电能不仅会使线性负荷性能变坏，而且还要多交电费。电子式电能表更不利于供电部门，而有利于非线性负荷用户。

6. 对通信的干扰影响

谐波通过电磁和静电感应干扰通信，一般 200～5000Hz 的谐波会引起通信噪声，1000Hz 以上的谐波会导致电话回路信号误动。谐波干扰的强度取决于谐波电压、电流、频率的大小及输电线和通信线的距离、并架长度等。

7. 对用电设备的影响

谐波会使电视机、计算机的图形畸变，画面亮度发生波动变化，并使机内的元件出现过热现象，使计算机及数据处理系统出现错误。对于带有启动用的镇流器和提高功率因数用的电容器的荧光灯及汞灯来说，会因为在一定参数的配合下，形成某次谐波频率下的谐振，使镇流器或电容器因过热而损坏。对于采用晶闸管的变速装置，谐波可能使晶闸管误动作，或使控制回路误触发。

（四）电压波动及闪变的影响

受电压波动及闪变的干扰，最敏感的是电子设备，如计算机、数控生产设备、自控设备、通信仪器和广播电视发射及接收设备以及照明灯具等。随着现代技术的发展，上述设备的种类和数量不断增加，在工农业及居民生活中的应用也越来越广泛，因而受电压波动闪变影响的程度也进一步加深。此外，电压的快速波动会使电动机转速不均匀，直接影响一些产品的质量。

（五）三相不平衡的危害

三相电压或电流不平衡产生的主要危害如下。

（1）旋转电动机在不对称状态下运行，会使转子产生附加损耗及发热，从而引起电动机整体或局部温升。此外，反向磁场产生附加力矩会使电动机出现振动。对发电机而言，在定子中还会形成一系列高次谐波。

（2）引起以负序分量为启动元件的多种保护发生误动作，直接威胁电网运行。

（3）不平衡电压使硅整流设备出现非特征性谐波，如二次谐波、四次谐波等。

（4）对发电机、变压器而言，当三相负荷不平衡时，如控制最大相电流为额定值，则其余两相就不能满载，因而设备利用率下降；反之，如要维持额定容量，将会导致负荷较大的一相过负荷，而且还会出现磁路不平衡致使波形畸变，设备附加损耗增加等。

三、提高电能质量的主要措施

减少干扰源对电能质量的影响，应本着“谁干扰，谁污染，谁治理”的原则，优先对干扰源本身或在其附近采取适当的技术措施。

1. 减少谐波影响的技术措施

（1）增加换流装置的相数和脉冲数。

（2）加装交流滤波装置。

（3）改变谐波源的配置或工作方式，如具有谐波互补性的装置应集中，非互补性的应分散或分时交替使用等。

（4）改变电容器组的串联电抗器，避免电容器对谐波的放大。

（5）采用有源滤波器等抑制谐波的新型措施。

（6）加大谐波源接入点的短路容量或改由高一级电压供电，以增加系统承受谐波的能力。

2. 对产生电压波动或闪变的设备可采用的措施

（1）改进设备的运行操作和工艺。例如，大型电动机采用降压启动等技术，而电弧炉电极升降采用自动调节器和将废钢块破碎再投炉等方式。

（2）将设备接入供电容量更大的供电点或高一级电压的系统，以提高电网承受冲击干扰的能力。

（3）装设动态无功补偿装置。

3. 由不对称负荷引起的电网三相电压不平衡可以采用的解决方法

（1）将不对称负荷分散接在不同的供电点，以减少集中连接导致的不平衡度超标问题。

（2）使用交叉换相等办法使不对称负荷合理分配到各相，尽量使其平衡化。

（3）加大负荷接入点的短路容量，如改变网络或提高供电电压级别以提高系统承受不平衡负荷的能力。

（4）装设平衡装置。以上简要列出了降低干扰源对电能质量影响的技术措施，其中详细的原理及具体方法此处不再详述。事实上，具体采用哪一种措施以及如何达到技术目标，都需要根据情况经过技术经济比较后才能确定。

第二章　电气运行管理制度

第一节　电气设备运行管理制度

一、值班制度

（1）运维人员必须按有关规定进行培训，经考试合格以后方能上岗值班。

（2）运维人员值班期间，应穿戴统一的值班工作服和值班岗位标志。

（3）运维人员在当值期间，要服从指挥，尽职尽责，完成当值的运行、维护、倒闸操作和管理工作。值班期间进行的各项工作，都要填写到相关记录中。

二、交接班

（1）运维人员应按值参加交接班，接班人员应提前 15 min 进入值班室，未办完交接手续之前，不得擅离职守。

（2）在处理事故或倒闸操作未告一段落时，不得进行交接班；交接班时发生事故，应停止交接班，由交接人员处理，接班人员在交接班运维负责人指挥下协助工作。

（3）接班人员重点查阅上次下班到本次接班的有关记录，核对运行方式变化情况。

三、运行监视

（1）监控设备负载，不超过额定输送容量。

（2）监控母线电压（交直流）是否符合电压曲线要求。

（3）监控设备运行温度，不超过现场运行规定的温度。

（4）监控预告信号，有无异常告警信号。

（5）监控事故信号，有无断路器事故跳闸信号以及保护、安全自动装置动作信号。

（6）监控系统通信，现场设备与监控系统通信是否正常。

四、设备巡视

（1）配电设备巡视分为正常巡视（含交接班巡视）、全面巡视、熄灯巡视和特殊巡视。

（2）配电室应制定“巡视作业指导书（卡）”，并将巡视结果记录在巡视卡上。

（3）以下项目应列入巡视检查内容。

1）整体运行情况检查：确认设备工作状态正常，电气运行环境正常，观察面板仪表及信号信息正常，无异常声响，无异常气味，操作电源无异常等。

2）设备外观检查：确认连接点无过热、无变色，绝缘无裂纹和明显老化，运行温度无异常，无闪络放电痕迹，操动机构无异常等。

（4）出现以下情况时应增加巡视次数。

1）新装或长期停用设备、大修后设备、事故处理后的设备。

2）发现运行参数异常等可疑现象或已有缺陷的设备。

3）重要节日、时段及重大活动等情况下。

五、缺陷管理

（1）缺陷分类：凡运行中的电气设备及其相应辅助设备的任何部件的损坏、绝缘不良或不正常的运行状态称为设备缺陷。设备缺陷按其性质可分为以下三大类。

1）危急缺陷：设备或建筑物发生了直接威胁安全运行并需立即处理的缺陷，否则，随时可能造成设备损坏、人身伤亡、大面积停电、火灾等事故。

2）严重缺陷：对人身或设备有严重威胁，暂时尚能坚持运行但需尽快处理的缺陷。

3）一般缺陷：上述危急、严重缺陷以外的设备缺陷，指性质一般、情况较轻、对安全运行影响不大的缺陷。

（2）缺陷处理时限要求：缺陷消除时间应严格掌握，危急缺陷应在 24 小时内、严重缺陷应在一周内、一般缺陷应在一个检修周期内处理。

六、电气设备操作管理

配电室运维人员必须明确其管辖配电室电气设备的管理权限。属于客户设备管理部自行调度的高、低压配电设备，由电气设备专责人员直接将操作任务发至配电室，运维人员按操作任务填写操作票后告知设备管理部，由设备管理部电气设备专责人员直接对操作现场下达操作指令。属于供电公司调度的高压配电设备，由所属区调下达操作任务到其客户经理，客户经理立即通知客户设备管理部电气设备专责人员，再由其安排相关运维人员按流程进行操作。

七、继电保护及自动装置管理

（1）建议定期聘请专业团队校核继电保护及自动装置定值。

（2）继电保护及自动装置新投入或定值改变前，运维人员必须向设备管理部专责人员核实该装置有效定值通知书的编号，正确无误后方可投入运行。

（3）有效继电保护定值通知书应定置存放、统一管理、及时清理，随时可查。

（4）高压室等装设继电保护及自动装置房间的温度应控制在 5～30℃。

（5）停运的保护及自动装置屏（柜）应及时拆除，在拆除前必须有“已停运”标识。

（6）运维人员必须每月核对继电保护及自动装置压板和转换开关投切情况，确保与运行方式相对应，核对后应在运行日志中记录。

八、备件管理

（1）应建立备件台账，台账内容应包含型号、用途、数量等。

（2）严禁存放不合格的备件。

（3）备件存放的环境温度、湿度应满足存放保管要求，应做好防火、防潮、防水、防腐、防盗和清洁卫生，要确保所管备件完好。

（4）应定期对备件进行检查，发现备件储备不足或不合格时，要及时申请，进行补足和更换。

九、安全管理

1. 应急预案

（1）配电室应备有相关的现场应急处置方案，明确人员职责、具体处理步骤和处理方法。

（2）现场应急处置方案应包含人身触电事故应急处置方案、应对外来人员强行进入配电室应急处置方案、防火应急处置方案、配电室全停应急处置方案及主设备事故应急处置方案。

（3）运维人员应定期针对应急处置方案开展演练，全体人员参加演练结束后，应针对演练情况进行评价、总结。制定改进方法，并做好记录。

2. 安全活动

安全活动每周不得少于一次，集中性开展安全活动每月不得少于一次。

3. 安全工器具管理

（1）安全工器具必须遵照标准配置，并就地存放。

（2）安全工器具及其存放位置应统一名称编号，并登记在专用记录簿上，做到台账统一，一一对应。

（3）安全工器具必须贴有试验合格标签，且每月应对安全工器具进行一次外观及功能检查，不合格的安全工器具应立即销毁，不得留存在配电室内。

（4）安全工器具使用完后应进行清洁、整理，定置摆放整齐。

4. 设备标志

（1）配电室内生产活动所涉及的场所、设备（设施）检修施工等特定区域以及其他有必要提醒人员注意危险的地点，应配置标准化的设备标志及安全标志。

（2）安全标志、设备标志应采用标牌安装，标牌宜采用反光材料制作。标志配置在设备本体或附件醒目的位置。

（3）两台及以上集中排列安装的电气盘（保护屏或配电盘）应在每台盘上分别配置各自设备标志牌。两台及以上集中排列安装的前后开门电气盘，前、后均应配置设备标志牌，且同盘柜前、后设备标志牌一致。

（4）配电室内各种标示应齐全、清楚、正确，设备上不应粘贴与运行无关的标示。

5. 安全专项管理

（1）配电室消防器具的设置应符合消防部门的规定，定期检查消防器具的放置、完好情况并清点数量，记入相关记录。配电室不得存放易燃、易爆物品，应留有消防通道并不得堵塞和占用。

（2）外来人员进入配电室必须办理相关手续、出示有关证件，经运维人员核实后方可进入，并做好登记。

（3）雨后应检查地下室、电缆沟、电缆隧道等积水情况，并及时排水，配电室潮气过大时做好通风。

6. 反事故技术措施

（1）配电室进行大型作业，应提前制定相应的反事故措施，确保不发生各类事故。

（2）建议定期对反事故措施执行情况进行总结。

十、技术管理

1. 设备台账

设备应具备从出厂试验、生产使用直至从系统内退役的设备台账，实行网络动态管理。新建、扩建、设备更新改造和大修后应及时更新或建立设备台账。

2. 资料管理

（1）明确专人负责做好竣工图纸、设备说明书、生产记录、生产报表及各种文件、标准等的管理工作，每年对图纸、资料进行一次检查。

（2）配电室应建立常用图表，包括常用工作电话表、有权单独巡视高压设备人员名单、配电室一次接线图、直流系统图（含空气断路器、熔断器配置表）等。

（3）档案资料管理要求。

1）档案资料应设置专门的资料室存放。

2）应根据上级部门制定的档案资料归档标准将配电室的图纸、技术资料、技术档案分类存放在资料盒、资料柜内，并建立档案资料目录清册。

3）资料室资料柜应有分类标志，资料盒脊背、标签格式统一。资料盒内应设归档资料登记表，资料按目录顺序存放。由于文件过期需退出档案盒时，应在资料登记表上备注原因、退出日期。

4）各项文件、规章制度、电气设备或接线等如有变化，其档案资料等均应及时进行修正。每年对档案资料进行清理，发现不符合要求时，应及时予以整改。

3. 规章制度

（1）配电室应具备各级设备管理部规程、现场运行通用规程等。

（2）配电室应具备值班制度、交接班制度、设备巡视检查制度、设备缺陷管理制度、倒闸操作管理制度等。

4. 运行分析

（1）配电室应对设备运行工作状态进行分析，结合实际情况，摸索规律，找出薄弱环节，有针对性地制定防范措施。

（2）每月开展一次运行分析，分为专题分析与综合分析。

十一、培训管理

1. 一般规定

（1）运维人员必须经过运行规程、设备管理部规程、安全规程考试合格后，方可正式担任相应的岗位工作。

（2）应制订年度培训计划，并组织实施。建立培训档案，全部培训记录均应存入个人培训档案。

2. 培训标准

（1）熟练掌握设备运行情况。掌握配电设备结构、原理、性能、技术参数和设备布置情况，能熟练开展设备巡视及维护工作。根据设备运行情况和巡视结果，分析设备健康状况，掌握设备缺陷和运行薄弱环节。

（2）能正确执行规程制度。熟练掌握安全规程、设备管理规程及现场运行规程；正确执行各种规程制度和标准化作业指导书。

（3）熟练掌握倒闸操作技术。掌握各种设备操作要领和一、二次设备相应的操作程序，熟知每一项的操作目的；能迅速、正确地完成各项倒闸操作任务。

（4）能熟练正确地进行事故处理。发生事故和异常时能根据信号指示、继电保护和设备异常状况，正确判断故障范围，并能做到迅速、正确地处理事故。

十二、事故、异常处理

1. 基本原则

迅速限制事故的发展，消除事故根源，并解除对人身和设备的威胁。

2. 联系及汇报

事故发生后，由值班负责人立即向设备管理部汇报事故简况。然后全面检查设备状况，核对运行方式后，立即联系设备管理部进行事故处理。事故汇报内容包括事故发生的时间与现象、断路器跳闸情况、一次设备状况、保护和自动装置的动作情况、保护报文等。

3. 注意事项

（1）事故处理结束后，运维人员必须及时收集、整理保护动作记录等资料，并填写记录。必要时向上级部门填写书面事故报告。

（2）短时间内不能处理异常情况，应加强运行监视，做好事故预想，并拟定危险点控制措施。

十三、设备维护

（1）配电室应结合本地区气象、环境、设备情况、运行规律等制定年、季、月度设备维护周期表，并按周期开展维护工作。

（2）对运行维护中发现的问题，应提出整改的具体意见，不能处理时，应及时汇报上级有关部门并督促尽快解决。

（3）设备定期试验及轮换。

1）配电室应制定设备定期轮换、试验检查周期表，并编写设备试验轮换操作方法。按照定期检查试验轮换时间表对电气设备、消防设施、应急发电机等进行定期检查、试验及轮换。

2）对运行设备影响较大的切换试验，应安排在适当的时间进行，并做好事故预想，落实安全措施。

十四、现场记录

（1）配电室报表、记录宜实行信息化管理。

（2）应具备的记录有运行日志、设备检修记录、设备预试记录、二次设备工作记录、设备缺陷记录等。

第二节　人 员 管 理

一、配置要求

（1）值班人员应取得合格有效的电工作业操作资格证书，资格证书原件由值班人员上岗时随身携带或由单位统一进行管理。

（2）值班人员应掌握与其工种、岗位有关的电气设备的性能及操作方法，熟悉各种消防设备的性能、布置、适用范围和使用方法，熟悉应急预案内容和处置流程，掌握触电急救和心肺复苏方法。

（3）值班人员的配置应符合以下要求。

1）10kV 电压等级及以上的配电室，且变压器容量在 630kVA 及以上的配电室，应安排专人值班，每班值班人员不少于 2 人，且应明确其中一人为值长。

2）10kV 电压等级，且变压器容量在 500kVA 及以下的配电室，可不设专人值班，但应由电工人员负责运行检查工作。

3）无人值班配电室。

a. 采用智能化运维模式的配电室可不设专人值班，负责其运维管理的智能运维中心应安排全天 24h 专人值班，每班值班人员不少于两人，且应明确其中一人为值长，并应按所管理的配电室数量、设备规模和用电负荷的级别等配置智能运维操作队的人员。

b. 10kV 电压等级，且变压器容量在 500kVA 及以下的配电室，可不设专人值班，但应由电工人员负责运行检查工作。

二、值班要求

（1）值班人员上岗期间应穿全棉长袖工作服和绝缘鞋。

（2）人员应坚守工作岗位，不应有以下行为。

1）接班前及当班期间违反章程、违反劳动纪律。

2）利用供企业停电期间，未经供电企业同意，在自己所不能控制的电气设备或线路路上，装设短路线、接地线或进行检修维护等工作。

3）约时停、送电。

4）擅自拆除闭锁装置或者使其失效。

5）其他与工作无关的活动。

（3）非配电室值班人员因工作需要进入配电室设备区时应进行登记，值班人员应监护陪同。

（4）进入电缆隧道、电缆井、电缆沟道、电缆夹层等作业时，应遵守 DB11/T 852—2019 有关地下有限空间作业的安全管理要求。

三、电气管理及运维人员职责

1. 管理人员职责

（1）熟知调度规程，熟悉场所电力设施状况。

（2）熟悉场所的图纸等各项技术资料、设施设备的操作流程。

（3）熟知配电房运行管理等制度。

（4）熟知并准确掌握反事故措施及事故预案，组织应急演练。

（5）负责统一协调组织场所电气运行工作。

（6）负责电气设施部分各种运行制度的建立和落实。

2. 值班人员职责

（1）熟知调度规程，熟悉场所内部电气设备运行方式、接线方式，负责其日常检查。

（2）熟知低压设备的接线方式及运行方式，各类负荷分布和使用情况，低压保护定值、自动装置投切原理、低压系统保护配置等。

（3）熟知并掌握发电机的状况和操作，负责其日常检查。

（4）准确配合值班负责人开展各项电气运行工作。

（5）熟知并掌握反事故措施及事故预案，参与应急演练。

第三节　设　备　管　理

一、设备配置原则

（1）高压配电装置应采用具有以下“五防”功能的金属封闭开关设备。

1）防止误分、误合断路器。

2）防止带负荷分、合隔离开关或带负荷推入、拉出铠装移开式开关柜手车。

3）防止带电挂接地线或合接地刀闸。

4）防止带接地线合断路器或隔离开关。

5）防止误入带电间隔。

（2）新建或改造的配电室低压成套开关设备应使用具有 3C 认证的产品。

（3）应依据国家公布的设备性能标准逐步淘汰落后的电气设备和产品，新建配电室不应使用应当淘汰的危及生产安全的工艺、设备，宜选用节能型设备和产品。

二、设备管理要求

（1）应完善生产设备全生命周期的技术档案管理，分类建立主要设备台账。

（2）应组织制定并落实设备管理制度和设备作业指导文件。

（3）应健全设备的条品条件管理，备品备件应满足安全运行需求。

（4）旧设备拆除前应进行险评，制定拆除计划、方案和安全措施。

（5）应完善设备的本质安全化功能和防止误作措施，安全自动装置和继电器保护应正确投入运行。

（6）应对设备的运行进行监测，对设备的检修、维护的质量进行监督并开展技术监督管理工作。

（7）应定期进行设备完好性评价或状态评估，掌握设备状况，及时发现并消除设备缺陷。

（8）设备检维修应编制检维修方案，进行危险点分析，完善安全技术措施并进行监督检查，做好检维修许可、监护、验收等工作。

（9）设备检维修应格执行工作票、操作票制度，落实各项安全措施，严格工艺要求和质量标准，实行检维修质量控制和监督验收制度。

三、自备应急电源管理要求

（1）使用柴、汽油发电机作为自备应急电源的用户，应定期对柴、汽油发电机进行安全检查、预防性试验、启机试验和切换装置的切换试验，并做好记录。

（2）并网运行的生产经营单位在新装、更换接线方式、拆除或者移动闭锁装置时，应与电力调度部门签订或修订并网调度协议后再行并入公共电网运行。

（3）不应自行变更发电机接线方式。

（4）应有可靠的电气或机械闭锁装置，防止反送电，不应自行拆除闭锁装置或者使其失效。

（5）不应擅自将自备应急电源引入、转供其他用户。

（6）使用 UPS 电源作为自备应急电源的用户，其安全管理遵照 GB 7260.1—2008 和 GB 7260.4—2008 的要求执行。

四、智能运维系统定义及要求

1. 智能运维系统定义

（1）智能运维系统：建立在物联网、大数据、云计算、移动应用、人工智能等现代信息技术发展基础上，结合传统电气自控、通信等领域新技术对配电室设备和环境进行监测，用于支撑配电室智能化运维的综合管理系统。

（2）智能化运维：依托配电室智能运维系统，以实时监测数据为基础，以可视化为手段，以智能化功能为依托，利用智能化数据分析技术，实时监控配电室运行状态，结合线下巡检、抢修等工作，共同保障配电室的安全运行，提高运维效率，降低运维成本，可实现配电室无人值班、少人值守的运维模式。

（3）智能运维中心：依托智能运维系统，具备对所辖各高压电力用户配电室相关设备及其运行情况进行远方监控、调度、运行管理、数据分析、设备操作与维护、隐患排查与消除、巡视、抢修等功能的指挥中心，可以由电力用户建立，也可以由第三方运维服务公司建立。

（4）智能运维操作队：依托智能运维系统，负责所辖配电室现场运行维护工作的团队，包括但不限于配电室的设备操作与维护、隐患排查与消除、巡视、抢修等工作。

（5）无人值班配电室：在智能运维中心的管辖范围内，具备向智能运维中心上传相关设备的电气、环境、视频等信息及其运行情况等功能，不设置固定运行维护值班岗位，由智能运维中心和智能运维操作队负责完成运维工作的配电室或10kV/6kV 电压等级且变压器容量在 500kVA 及以下的配电室。

2. 智能运维系统要求

（1）应具备可靠性、安全性、集成性和可扩展性。

（2）功能应包括运行监测、预警功能、报警处理、运行统计分析、报表管理、基础信息管理、配置管理等。

（3）应在配电室高压设备、直流站用电源设备、变压器、低压配电回路、低压无功自动补偿回路设置数据采集点，进行电气数据采集。

（4）应对配电室内各独立功能区域进行环境数据采集。

（5）应对配电室进行视频信息采集。

（6）性能指标应满足表 2-1 的要求。

（7）智能运维系统建设应按照附录 E 的要求进行。

表 2-1　智能运维系统的性能指标要求

性能参数		指标要求
数据感知层	模拟量实时数据采集周期	≤1min
	开关量实时数据采集周期	≤10s
系统平台层	历史曲线数据的存储周期	≤5min
	用户界面响应时间	≤10s
	报警响应时间	≤10s
	用户历史数据保存时间	≥36m
	系统支持并发访问数量	≥100
	系统连续运行时间	7×24h

五、高压配电装置

（1）高压配电装置应符合 GB 50060—2008《3kV～110kV 高压配电装置设计规范》的配置要求。

（2）110kV 电压等级的断路器宜选用 SF_6 断路器；35kV 及以下电压等级的断路器，宜选用真空断路器或 SF_6 断路器。重要场所的配电装置宜选用性能稳定的高品质设备。

（3）屋内配电装置采用金属封闭开关设备时，屋内各种通道的最小宽度（净距），应符合表 2-2 的规定。

表 2-2　高压配电装置屋内各通道的最小宽度（净距）　　（单位：mm）

开关柜布置方式	柜后维护通道	柜前操作通道	
		固定式	手车式
单排布置	800	1500	单车长度+1200
双排面对面布置	800	2000	双车长度+900
双排背对背布置	1000	1500	单车长度+1200

注　1. 固定式开关柜为靠墙布置时，柜后与墙净距应大于 50mm，侧面与墙净距应大于 200mm。
2. 通道宽度在建筑物的墙面遇有柱类局部凸出时，凸出部位的通道宽度可减少 200mm。

（4）开关柜需具有可靠的“五防”功能，防止误分、误合断路器；防止带负荷分、合隔离开关；防止带电分、合接地开关；防止带接地开关送电；防止误入带电间隔。

（5）操作机构及其连锁装置应动作灵活可靠，各固定件应齐全且安装牢固。

1）合闸时三相触头之间各项数据都应符合原厂要求。

2）接触点应接触紧密。

3）架构油漆完好，接地可靠。

4）所用螺栓要用弹簧垫片，螺栓应按要求紧固。

5）所有电气连接的接触面应连接紧密，连接螺栓应用力矩扳手紧固，其紧固力矩值应符合规定。

6）真空（SF_6）断路器应固定牢靠，外表清洁完整。SF_6 压力值应正常。

7）真空断路器及其操动机构的联动应正常，无卡阻；分、合闸指示应正确；辅助开关动作应准确可靠，触点无电弧烧损。

8）绝缘部件、瓷件应完整无损。

（6）开关柜体前后上方应标有双重命名标识（柜号和柜名）。进线柜正面明显位置需标示上级线路（开关站）、变电站、开关（断路器）名称。出线柜正面明显位置需标明下接配电房、配电变压器、母线名称。

六、电力变压器

（1）变压器应符合 GB 50060—2008《3kV～110kV 高压配电装置设计规范》的配置要求。

（2）设在主体建筑地下室和楼内的配、变电所，变压器应选用干式变压器，户外箱式变压器也应选择干式变压器，地坪以上的独立配电房可配置油浸式变压器。多层或高层主体建筑内的变电所，宜选用不燃或难燃型变压器。在多尘或有腐蚀性气体严重影响变压器安全运行的场所，应选用防尘型或防腐型变压器。变压器的联结组别应为 Dyn11。

（3）单台变压器容量不宜大于 1250kVA，变压器低压侧电压为 0.4kV 时，单台变压器容量不宜大于 1250kVA；当确有困难时，变压器单台容量不应大于 2500kVA；预装式变电所变压器单台容量不宜大于 800kVA。

（4）各级场所的配电房，宜采用低噪声（油浸式变压器的噪声水平应低于 45dB，干式变压器的噪声水平应低于 48dB）、低损耗变压器，且应不少于两台，低压设联络开关。变压器低压侧进线断路器与联络断路器之间应采用电气/机械联锁，防止变压器并列运行。当其中任何一台变压器退出运行时，其余变压器的容量应满足特别重要负荷、重要负荷的用电要求，并宜满足电力用户主要用电负荷需求。

七、电力电缆

（1）电力电缆应按照 GB 50217—2018《电力工程电缆设计标准》进行配置。

（2）电缆线路的防火措施应与本体工程同时设计、同时施工、同时验收。防火措施包括：阻燃电缆选型，防火包带或涂料使用；中间接头防爆盒、灭火弹的设置；电缆孔洞防火封堵等，应符合重要场所安全性和耐久性的要求。

（3）电缆线路设计应充分考虑在潮湿或浸水环境中长期运行的需要，电缆附件应选用密封防潮性能优良的产品，电缆井应设置集水井以利于抽排水。

（4）新建电缆和检修后恢复供电的电缆，应进行耐压试验、振荡波局放试验和低频介损等检测合格后方可送电。

（5）重要场所电力电缆应选择铜芯电缆。

（6）电力电缆按负荷电流大小确定。电缆线径选择参考表 2-3。

（7）特级重要场所中特别重要负荷的电源主干线路应采用矿物绝缘电缆，一级重要场所中重要负荷的电源主干线宜采用矿物绝缘电缆。

（8）电力电缆和电缆附件应优先选择具有良好运行业绩和成熟制造经验的优质制造商。

（9）电缆敷设应满足以下要求。

1）高压、低压电气线路应分开敷设。有条件时，高压线路宜设单独的竖井、电缆桥架。

2）电力电缆与非电力电缆应分开敷设，特别重要负荷严禁与非电力电缆统一桥架敷设。

3）供给特别重要负荷用电的两路电缆不应通过同一电缆沟，当无法分开时，该电缆沟内的两路电缆应采用矿物绝缘类不燃性电缆，且应分别敷设在电缆沟两侧的支架上。

4）电缆明敷时，在特级、一级重要活动场所应采用金属管或金属线槽敷设，在二级重要活动场所应采用金属管或金属线槽敷设。

5）各种不同用途或不同电压明敷电缆的相互位置，以及相互间距离及与热力管道之间的接近、交叉应符合要求。

6）电缆线路应装设永久标识，在电缆进出管孔处、电缆中间接头、电缆井（含掩埋井）应装设电子标识牌（RFID），并按规范进行命名。

7）合理安排电缆段长度，尽量减少电缆接头数量，严禁在配电站房电缆夹层、桥架和竖井等线缆密集区域布置电缆接头。专用配电室馈出低压电缆不应有电缆接头。

8）10kV 高压电缆应安装电缆型故障寻址仪，电缆路径上应设立明显的警示标志，并采取可靠的防护措施，以防止外力破坏。

9）低压电力电缆护层类型应根据电缆敷设环境选择，一般条件下应按以下标准选用。

a. 电缆敷设于埋地排管内时，应采用铠装电缆。

b. 电缆敷设于地下室托盘内时，应采用阻燃电缆。

c. 电缆敷设于高层建筑物内时，应采用低烟无卤、阻燃电缆。

（10）电缆的弯曲半径应符合要求，穿管内径应符合表 2-3 中的要求。

表 2-3 电缆最小弯曲半径

电缆型式		多芯	单芯
控制电缆		$10D$	
橡皮绝缘电力电缆	无铅包、钢铠护套	$10D$	
	裸铅包护套	$15D$	
	钢铠护套	$20D$	

续表

聚氯乙烯绝缘电力电缆			10*D*	
交联聚乙烯绝缘电力电缆			15*D*	20*D*
油浸纸绝缘电力电缆	铅包		30*D*	
	铅包	有铠装	15*D*	20*D*
		无铠装	20*D*	
自容式充油（铅包）电缆				20*D*

注　*D* 为电缆外径。

（11）金属铠装电缆应接地良好。接地线截面按设计选用，铜导线截面应不小于 16mm^2。

（12）各种类型电缆容许载流量如表 2-4～表 2-8 所示。

表 2-4　1～3kV 油纸、聚氯乙烯绝缘电缆空气中敷设时允许载流量

绝缘类型		不滴流纸			聚氯乙烯		
护套		有钢铠护套			无钢铠护套		
电缆导体最高工作温度（℃）		80			70		
电缆芯数		单芯（A）	二芯（A）	三芯或四芯（A）	单芯（A）	二芯（A）	三芯或四芯（A）
电缆导体截面面积（mm^2）	2.5	—	—	—	—	18	15
	4	—	30	26	—	24	21
	6	—	40	35	—	31	27
	10	—	52	44	—	44	38
	16	—	69	59	—	60	52
	25	116	93	79	95	79	69
	35	142	111	98	115	95	82
	50	174	138	116	147	121	104
	70	218	174	151	179	147	129
	95	267	214	182	221	181	155
	120	312	245	214	257	211	181
	150	356	280	250	294	242	211
	185	414	—	285	340	—	246
	240	495	—	338	410	—	294
	300	570	—	383	473	—	328
环境温度（℃）		40					

注　1. 适用于铝芯电缆，铜芯电缆的允许持续载流量值可乘以 1.29。

2. 单芯只适用于直流。

表 2-5　1～3kV 油纸、聚氯乙烯绝缘电缆直埋敷设时允许载流量

绝缘类型		不滴流纸			聚氯乙烯					
护套		有钢铠护套			无钢铠护套			有钢铠护套		
电缆导体最高工作温度（℃）		80			70					
电缆芯数		单芯（A）	二芯（A）	三芯或四芯（A）	单芯（A）	二芯（A）	三芯或四芯（A）	单芯（A）	二芯（A）	三芯或四芯（A）
电缆导体截面面积（mm²）	4	—	34	29	47	36	31	—	34	30
	6	—	45	38	58	45	38	—	43	37
	10	—	58	50	81	62	53	77	59	50
	16	—	76	66	110	83	70	105	79	68
	25	143	105	88	138	105	90	134	100	87
	35	172	126	105	172	136	110	162	131	105
	50	198	146	126	203	157	134	194	152	129
	70	247	182	154	244	184	157	235	180	152
	95	300	219	186	295	226	189	281	217	180
	120	344	251	211	332	254	212	319	249	207
	150	389	284	240	374	287	242	365	273	237
	185	441	—	275	424	—	273	410	—	264
	240	512	—	320	502	—	319	483	—	310
	300	584	—	356	561	—	347	543	—	347
	400	676	—	—	639	—	—	625	—	—
	500	776	—	—	729	—	—	715	—	—
	630	904	—	—	846	—	—	819	—	—
	800	1032	—	—	981	—	—	963	—	—
土壤热阻系数（K·m/W）		1.5			1.2					
环境温度（℃）		25								

注　1．适用于铝芯电缆，铜芯电缆的允许持续载流量值可乘以 1.29。
2．单芯只适用于直流。

表 2-6　1～3kV 交联聚乙烯绝缘电缆空气中敷设时允许载流量

电缆芯数		三芯		单芯							
单芯电缆排列方式		—		品字形				水平形			
金属层接地点				单侧		两侧		单侧		两侧	
电缆导体材质		铝（A）	铜（A）	铝（A）	铜（A）	铝（A）	铜（A）	铝（A）	铜（A）	铝（A）	铜（A）
电缆导体截面面积（mm²）	25	91	118	100	132	100	132	114	150	114	150
	35	114	150	127	164	127	164	146	182	141	178
	50	146	182	155	196	155	196	173	228	168	209
	70	178	228	196	255	196	251	228	292	214	264

续表

电缆导体截面面积（mm^2）	95	214	273	241	310	241	305	278	356	260	310
	120	246	314	283	360	278	351	319	410	292	351
	150	278	360	328	419	319	401	365	479	337	392
	185	319	410	372	479	365	461	424	546	369	438
	240	378	483	442	565	424	546	502	643	424	502
	300	419	552	506	643	493	611	588	738	479	552
	400	—	—	611	771	579	716	707	908	546	625
	500	—	—	712	885	661	803	830	1026	611	693
	630	—	—	826	1008	734	894	963	1177	680	757
环境温度（℃）		40									
电缆导体最高工作温度（℃）		90									

注　水平形排列电缆相互间间距为电缆外径的2倍。

表2-7　1～3kV交联聚乙烯绝缘电缆直埋敷设时允许载流量

电缆芯数		三芯		单芯			
单芯电缆排列方式		—		品字形		水平形	
金属层接地点				单侧		单侧	
电缆导体材质		铝（A）	铜（A）	铝（A）	铜（A）	铝（A）	铜（A）
电缆导体截面面积（mm^2）	25	91	117	104	130	113	143
	35	113	143	117	169	134	169
	50	134	169	139	187	160	200
	70	165	208	174	226	195	247
	95	195	247	208	269	230	295
	120	221	282	239	300	261	334
	150	247	321	269	339	295	374
	185	278	356	300	382	330	426
	240	321	408	348	435	378	478
	300	365	469	391	495	430	543
	400	—	—	456	574	500	635
	500	—	—	517	635	565	713
	630	—	—	582	704	635	796
电缆导体最高工作温度（℃）		90					
土壤热阻系数（K·m/W）		2.0					
环境温度（℃）		25					

注　水平形排列电缆相互间间距为电缆外径的2倍。

表 2-8　10kV 三芯电力电缆允许载流量

绝缘类型		不滴流纸		交联聚乙烯			
钢铠护套				无		有	
电缆导体最高工作温度（℃）		65		90			
敷设方式		空气中（A）	直埋（A）	空气中（A）	直埋（A）	空气中（A）	直埋（A）
电缆导体截面面积（mm^2）	16	47	59	—	—	—	—
	25	63	79	100	90	100	90
	35	77	95	123	110	123	105
	50	92	111	146	125	141	120
	70	118	138	178	152	173	152
	95	143	169	219	182	214	182
	120	168	196	251	205	246	205
	150	189	220	283	223	278	219
	185	218	246	324	252	320	247
	240	261	290	378	292	373	292
	300	295	325	433	332	428	328
	400	—	—	506	378	501	374
	500	—	—	579	428	574	424
环境温度（℃）		40	25	40	25	40	25
土壤热阻系数（K·m/W）		—	1.2	—	2.0	—	2.0

注　适用于铝芯电缆，铜芯电缆的允许持续载流量值可乘以 1.29。

八、继电保护、自动装置及电气测量

（1）继电保护装置应满足可靠性、选择性、灵敏性和速动性的要求。配电所可根据需求采用微机综合保护装置及变电所综合自动化系统。继电保护及电气测量的设计除符合本标准外，尚应符合现行国家标准 GB/T 50062—2008《电力装置的继电保护和自动装置设计规范》以及 GB/T 50063—2017《电力装置电测量仪表装置设计规范》的相关规定。

（2）电力设备和线路应装设短路故障和异常运行保护装置。电力设备和线路短路故障的保护应有主保护和后备保护，必要时可增设辅助保护。继电保护装置的接线应简单可靠，并应具有必要的检测、闭锁等措施。保护装置应便于整定、调试和运行维护。为保证继电保护装置的选择性，对相邻设备和线路有保护性配合要求或同一保护装置内有配合要求的元件，其上下两级之间的灵敏性及动作时间应相互配合。当必须加速切除短路时，可使保护装置无选择性动作，但应利用自动重合闸或备用电源自动投入装置，缩小停电范围。

（3）保护装置应具有必要的灵敏性。各类短路保护装置的灵敏系数不应低于表 2-9 中的规定。

表 2-9　短路保护装置的最小灵敏系数

保护分类	保护类型	组成元件	最小灵敏系数	计算条件
主保护	带方向和不带方向的电流保护或电压保护	电流、电压元件	1.5	—
	线路纵联差动保护	跳闸元件	2.0	—
		对高阻接地故障的测量元件	1.5	个别情况下为 1.3
	变压器、电动机的纵联差动保护	差电流元件的启动电流	1.5	按被保护设备末端短路计算
	变压器、线路、电动机的电流速断保护	电流元件	1.5	按保护安装处短路计算
	电流保护、电压保护	电流、电压元件	1.5	按保护区末端计算
后备保护	远后备保护	电流、电压和阻抗元件	1.2	按照相邻电力设备和线路末端短路计算
	近后备保护	电流、电压元件	1.3	按线路末端短路计算
辅助保护	电流速断保护	—	1.2	按正常正常运行方式下保护安装处短路计算

注　灵敏系数应根据不利的正常运行方式（含正常检修）和不利的故障类型计算。

（4）为便于分别校验保护装置和提高可靠性，主保护和后备保护宜做到回路彼此独立。当配电所为 35kV、20kV 或 10kV 断路器台数较多、负荷等级较高时，宜采用直流操作继电保护。当小型配电所断路器台数不多时，可采用弹簧储能操动机构合闸、电流互感器二次侧去分流分闸的交流操作继电保护。当小型配电所一次接线简单，断路器台数不多，且不分段断路器自投时，可采用在线式不间断电源装置（UPS）或小容量直流电源装置作为继电保护控制电源的继电保护接线方案。继电保护可采用分励脱扣器线圈跳闸的保护方式。

（5）配电变压器应装设以下保护装置。

1）绕组及其引出线的相间短路。

2）绕组的匝间短路。

3）外部相间短路引起的过电流。

4）低压侧中性点直接接地或经低电阻接地侧的单相接地短路。

5）过负荷。

6）油面降低。

7）变压器油温过高、绕组温度过高、油箱压力过高、产生瓦斯或冷却系统故障。

（6）变压器引出线及内部的短路故障应装设相应的保护装置。当过电流保护时限大于 0.5s 时，应装设电流速断保护，且应瞬时动作于断开变压器的各侧断路器。

（7）单台容量为 2MVA 及以上的变压器，当电流速断保护灵敏度不符合要求时，宜采用纵联差动保护，且应符合以下规定。

1）应能躲过励磁涌流和外部短路产生的不平衡电流。

2）应具有电流回路断线的判别功能，并应能选择报警或允许差动保护动作跳闸。

3）差动保护范围应包括变压器套管及其引出线，如不能包括引出线，则应采取快速切除故障的辅助措施。

（8）由外部相间短路引起的变压器过电流，可采用过电流保护作为后备保护。变压器高压侧过电流保护应与低压侧主断路器短延时保护相配合。当变压器低压侧中性点经低电阻接地时，低压侧应配置三相式过电流保护，同时应在变压器低压侧装设零序过电流保护，保护应设置两个时限。零序过电流保护宜接在变压器低压侧中性点回路的零序电流互感器上。

（9）容量 400kVA 及以上的变压器，当数台并列运行或单独运行并作为其他负荷的备用电源时，应根据可能过负荷的情况装设过负荷保护装置。过负荷保护可采用单相式，且应带时限动作于信号。在无经常值班人员的变电所，过负荷保护可动作于跳闸或断开部分负荷。

（10）容量 400kVA 及以上，在室外变电所内安装的油浸式变压器、容量为 800kVA 及以上室外安装的油褛式变压器，以及带负荷调压变压器的充油调压开关均应装设瓦斯保护。当因壳内故障产生微量瓦斯或油面下降时，应瞬时动作于信号报警：当产生大量瓦斯时，应动作于断开变压器各侧断路器；当变压器安装处电源侧无断路器或短路保护时，瓦斯保护动作后应作用于信号并发出远跳命令，同时应断开线路对侧断路器。

（11）对于变压器油温度过高、绕组温度过高、油面过低、油箱内压力过高、产生瓦斯和冷却系统故障，应装设可作用于信号或动作于跳闸的保护装置。

（12）并联电容器保护。

1）对 10kV 并联补偿电容器组的下列故障及异常运行方式，应装设相应的保护。

a. 电容器内部故障及其引出线短路。

b. 电容器组和断路器之间连接线短路。

c. 电容器组中某一故障电容器切除后所引起的过电压。

d. 电容器组的单相接地。

e. 电容器组过电压。

f. 电容器组所连接的母线低电压。

2）对电容器组和断路器之间连接线的短路，可装设带有短时限的电流速断和过电流保护，并动作于跳闸。速断保护的动作电流，应按最小运行方式下，电容器端部引线发生两相短路时有足够的灵敏度，保护的动作时限应防止在出现电容器充电涌流时误动作。过电流保护装置的动作电流应按躲过电容器组长期允许的最大工作电流整定。

3）用于单台电容器保护的外熔断器选型时，应采用电容器专用熔断器，熔丝额定电流应按电容器额定电流的 1.37～1.50 倍选择。

4）当电容器组中故障电容器切除到一定数量后，引起剩余电容器组端电压超过 105%额定电压时，保护应带时限动作于信号：过电压超过 110%额定电压时，保护应将整组电容器断开。对不同接线的电容器组，可采用以下保护之一。

a. 中性点不接地单星形接线的电容器组，可装设中性点电压不平衡保护。

b. 中性点不接地双星形接线的电容器组，可装设中性点间电流或电压不平衡保护。

c. 多段串联单星形接线的电容器组，可装设段间电压差动或桥式差电流保护。

5）不平衡保护应带有短延时的防误动措施。

6）电容器组的单相接地故障，可利用电容器组所连接母线上的绝缘监视装置检出；当电容器组所连接母线有引出线路时，可装设有选择性的接地保护，并应动作于信号；必要时，保护应动作于跳闸。安装在绝缘支架上的电容器组，可不再装设单相接地保护。

7）电容器组应装设过电压保护，并应带时限动作于信号或跳闸。

8）电容器装置应装设母线失压保护，当母线失压时，应带时限切除所有接于母线上的电容器。

9）当供配电系统有高以谐波，并可能使电容器过负荷时，电容器组宜装设过负荷保护，并应带时限动作于信号或跳闸。

（13）数字式综合保护装置。

1）宜将被保护设备或线路的主保护（包括纵差保护等）及后备保护综合在一整套装置内，共用保护装置电源及交流电压互感器和电流互感器的二次绕组输出回路。该装置应能反应被保护设备或线路的各种故障及异常状态，并动作于跳闸或信号。对仅配置一套主保护的设备，应采用主保护与后备保护相互独立的装置。

2）保护装置应尽可能根据输入的电流、电压量，自行判别系统运行状态的变化，减少外接相关的输入信号来执行其应完成的功能。

3）保护装置应具有在线自动检测功能，包括保护硬件损坏、功能失效和二次回路异常运行状态的自动检测。

4）保护装置的整定值应满足保护功能的要求，应尽可能做到简单、易整定；用于整定值需要改变的情况时，宜设置多套可切换的定值。

5）保护装置必须具有事故与故障记录功能，以记录保护的动作过程，为进行事故与故障分析提供详细、全面的数据信息，但不要求代替专用的故障录波器。

6）保护装置应以时间顺序记录的方式记录正常运行的操作信息；应能输出装置的自检信息及事故与故障记录；应具有数字、图形输出功能和通用的输出接口。

7）时钟系统，保护装置应设硬件时钟电路，装置失去直流电源时，硬件时钟应能正常工作：应配置与外部授时源的对时接口。

8）有后台计算机的变电所，保护装置应配置能与自动化系统相连的通信接口，通信协议符合现行行业标准 DL/T 860.3—2004《变电站通信网络和系统　第 3 部分：总体要求》的相关规定，并宜提供必要的功能软件，如通信及维护软件、定值整定辅助软件、故障记录分析软件、调试辅助软件等。

9）保护装置应具有独立的 DC/DC 变换器、供内部回路使用的电源。拉、合装置直流电源或直流电压缓慢下降及上升时，装置不应误动作。直流消失时，应有输出触点以启动告警信号。直流电源恢复（包括缓慢恢复）时，变换器应能自动启动。

10）保护装置不应要求其交、直流输入回路外接抗干扰元件来满足有关电磁兼容标准的要求。

11）保护装置的软件应设有安全防护措施，防止程序出现不符合要求的更改。

（14）备用电源自动投入装置。

1）下列情况，应装设备用电源自动投入装置。

a. 由双电源供电的变电所和配电所，其中一个电源经常断开作为备用。

b. 变电所内有备用变压器或有互为备用的电源。

c. 接有一级负荷的由双电源供电的母线段。

d. 含有一级负荷的由双电源供电的成套装置。

e. 某些重要机械的备用设备。

2）备用电源自动投入装置应符合以下要求。

a. 应保证在工作电源断开后，备用电源有足够高的电压时，才投入备用电源。

b. 工作电源电压，不论何种原因消失，除有闭锁信号外，自动投入装置均应动作。

c. 手动断开工作电源、电压互感器回路断线和备用电源无电压情况下，不应启动自动投入装置。

d. 应保证自动投入装置只动作一次。

e. 自动投入装置动作后，如备用电源或设备投到故障上，则应使保护加速动作并跳闸。

f. 自动投入装置中，应设置工作电源的电流闭锁回路。

3）应急柴油发电机组与正常电源的切换。

a. 基于电网运行安全和地方供电部门的要求，应急柴油发电机组与正常电源之间应采取可靠的防止并列运行的措施，即采用“先断后合”方式。

b. 维电保护的要求同备用电源自动投入方案。

c. 应对柴油发电机组切换后的继电保护整定进行校验。

（15）电气测量。

1）测量仪表的设置，应符合以下规定。

a. 电测量装置的配置应正确反映电力装置的电气运行参数，如有需要，还应正确反映电力装置的绝缘状况。

b. 电测量仪表的设置应符合现行国家标准 GB 17167—2006《用能单位能源计量器具配备和管理通则》。

c. 电测量装置宜包括计算机监控系统的测量部分、常用电测量仪表以及其他数字式综合保护装置的测量部分。

d. 电测量装置可以采用直接仪表测量、一次仪表测量或二次仪表测量。

e. 电测量装置的准确度等级要求不应低于表 2-10 中的规定。

表 2-10　电测量装置的准确度等级要求

电测量装置类型名称		准确度等级（级）
计算机监控系统的测量部分（交流采样）		误差不大于 0.5%
常用电测量仪表，综合保护装置中的测量部分	指针式交流仪表	1.5
		1.0（经变送器二次测量）
		1.5
	数字式仪表	0.5
	记录型仪表	应满足测量对象的准确度要求

f. 交流回路指示仪表的综合准确度不应低于 2.5 级，直流回路指示仪表的综合准确度不应低于 1.5 级，接于电测量变送器二次侧仪表的准确度不应低于 1.0 级。用于电测量装置的电流、电压互感器及附件、配件的准确度不应低于表 2-11 中的规定。

表 2-11 电测量装置电流、电压互感器及附件、配件准确度要求 （单位：级）

电测量装置准确度	附件、配件准确度等级		
	电流、电压互感器	变送器	分流器
0.5	0.5	0.5	0.5
1.0	0.5	0.5	0.5
1.5	1.0	0.5	0.5
2.5	1.0	0.5	0.5

g. 指针式测量仪表测量范围的选择，宜保证电力设备额定值指示在仪表标度尺的 2/3 处。有可能过负荷运行的电力设备和回路，测量仪表宜选用过负荷仪表。

h. 多个同类型电力设备和回路的电测量可采用选择测量方式。

i. 无功补偿装置的测量仪表量程应满足设备允许通过最大电流和允许耐受最高电压的要求。并联电容器组的电流测量应按并联电容器组持续通过的电流为其额定电流的 1.3 倍设计。

j. 计算机监控系统中的测量部分、数字式综合保护装置中的测量部分，当其精度满足要求时，可取代相应的常用电测量仪表。

k.直接仪表测量中配置的电测量装置，应满足相应一次回路动热稳定的要求。

2）电流测量应符合以下规定。

a. 下列回路应测量交流电流：①配电变压器回路；②无功补偿装置；③柴油发电机接至低压应急段进线及交流不间断电源装置的进线回路；④35、20kV 或 10kV 和 1kV 及以下的供配电干线；⑤母线联络和母线分段断路器回路；⑥55kW 及以上的电动机；⑦根据使用要求，需监测交流电流的其他回路。

b. 三相电流基本平衡的回路，可采用一只电流表测量其中一相电流。下列装置及回路应采用三只电流表分别测量三相电流：①无功补偿装置；②配电变压器低压侧总电流；③三相负荷不平衡幅度较大的 1kV 及以下的配电线路。

c. 下列回路应测量直流电流：①蓄电池组；②充电回路；③整流装置；④根据使用要求，需监测直流电流的其他装置及回路。

3）电压测量和绝缘监测应符合以下规定。

a. 交流系统的各段母线，应测量交流电压。

b. 中性点不接地系统及低电阻接地系统的母线和回路。应监测交流系统的绝缘。

c. 中性点不接地系统及低电阻接地系统的母线，宜测量母线的一个线电压和监测绝缘的三个相电压。

d. 应急柴油发电机定子回路的绝缘监测，可以采用测量发电机电压互感器剩余电压绕组的零序电压方式，也可以采用测量发电机的三个相电压方式。

e. 下列回路应测量直流电压：①直流系统的各段母线：②蓄电池组：③充电回路；④整流装置；⑤根据使用要求，需监测直流电压的其他装置及回路。

f. 下列同路应监测直流系统的绝缘：①直流系统的主母线和重要的直流回路；②重要电力整流装置的输出回路。

g. 直流系统应装设直接测量绝缘电阻值的绝缘监测装置，其测量准确度等级不应低于 1.5 级。

4）功率测量应符合以下规定。

a. 下列回路应测量有功功率：①变压器的高压侧；②35、20kV 或 10kV 配电线路。

b. 下列回路应测量无功功率：①35、20kV 或 10kV 配电线路；②低压并联电容器组。

5）谐波监测应符合以下规定。

a. 在谐波监测点，宜装设谐波电压和谐波电流测量仪表。谐波监测点应结合谐波源的分布布置，并应覆盖各个供电电压等级。

b. 下列回路宜设置谐波监测点：①35、20kV 或 10kV 无功补偿装置所连接母线的谐波电压；②向谐波源用户供电的线路送电端；③一条供电线路上接有两个及以上不同部门的谐波源用户时，谐波源用户受电端；④其他有必要监测的回路。

c. 用于谐波测量的电流互感器和电压互感器的准确度不宜低于 0.5 级。

d. 谐波测量的次数不应少于 15 次。

e. 谐波电流和电压的测量可采用数字式仪表，测量仪表的准确度不宜低于 1.0 级。

九、接地与防雷

（1）接地与防雷装置应符合 GB/T 50065—2011《交流电气装置的接地设计规范》、JGJ 16—2008《民用建筑电气设计规范》的配置要求。

（2）重要活动场所低压配电系统应采用 TN-S、TN-C-S 系统。

（3）配电变压器中性点的接地电阻不宜超过 4Ω，保护配电柱上的断路器、负荷开关和电容器组等的避雷器，其接地导体应与设备外壳相连，接地电阻不应大于 10Ω。

（4）接地体应热镀锌，焊接处应涂防腐漆。在腐蚀性较强的土壤中，还应适当加大其截面积或采取其他防腐措施。

（5）发电机组外壳必须有可靠的独立保护接地装置，配置防雷装置，严禁利用市电的接地装置进行中性点直接接地，并选用四极、双投闸刀切换。

（6）66～110kV 配电装置，宜采用金属氧化物避雷器进行过电压保护。

（7）35kV 及以下采用真空断路器的回路，宜根据被操作回路的负载性质（容性或感性负载），选用金属氧化物避雷器或阻容吸收器进行过电压保护。

（8）浪涌保护器、低压避雷器应有过电流保护装置。保护模式应与配电系统的接地形式相匹配。

十、低压配电装置

（1）低压配电装置应按照 GB 50054—2011《低压配电设计规范》进行配置。

（2）选择低压配电装置时，除应满足所在网络的标称电压、频率及所在回路的计算电流外，尚应满足短路条件下的动、热稳定。对于要求断开短路电流的通、断保护电器，应满足短路条件下的通、断能力。

（3）低压母线宜采用单母线分段接线，每台配电变压器各设 I 段，并增设发电机应急母线段。各配电变压器分列运行，特级、一级重要活动场所 0.4kV 联络开关应设自动切换装置；二级重要活动场所 0.4kV 联络开关宜设自动切换装置。

（4）低压配电系统应预留一定数量的出线回路，以备临时用电负荷的接入。对于临时接入的特别重要负荷，应满足独立出线回路、独立接口接入。

（5）同一配电室内并列的两段母线，当任一段母线有特别重要负荷时，母线分段处应设相应绝缘等级的防火隔断措施。由同一配电所供给特别重要负荷用电时，母线分段处应设防火隔板或有门洞的隔墙。

（6）当高压及低压配电设备装设在同一室内时，不应有裸露的母线。

（7）成排布置的配电屏，其长度超过 6m 时，屏后的通道应设两个出口，并应布置在通道的两端，当两个出口之间的距离超过 15m 时，其间尚应增加出口。

（8）屋内配电装置采用金属封闭开关设备时，屋内各种通道的最小宽度（净距），宜符合表 2-12 的规定。

表 2-12 低压配电装置屋内各通道的最小宽度（净距）

型式	布置方式	屏前通道（mm）	屏后通道（mm）
固定式	单排布置	1500	1000
	双排面对面布置	2000	1000
	双排背对背布置	1500	1500
抽屉式	单排布置	1800	1000
	双排面对面布置	2300	1000
	双排背对背布置	1800	1000

注 当建筑物墙面遇有柱类局部凸出时，凸出部位的通道宽度可减少 200mm。

（9）变压器低压侧电压为 0.4kV 的总开关，应采用框架式低压断路器，开关分断能力应按变压器容量选择。

1）变压器容量为 2000kVA 时，开关分断能力应不小于 100kA。

2）变压器容量 630～1600kVA 时，开关分断能力应不小于 65kA。

3）变压器容量不大于 500kVA 时，开关分断能力应不小于 50kA。

（10）低压回路出线开关不大于 630A 时可选用塑壳开关，大于 630A 时宜选用框架开关。

（11）市电与应急（备用）电源转换应采用具备电气或机械连锁的产品。当采用自动转换开关电器（ATSE）时，宜选用 PC 级、三位式、四极、专用型的产品，PC 级的 ATSE 应符合 GB/T 14048.11—2016《低压开关设备和控制设备 第 6-1 部分：多功能电器 转换开关电器》的相关规定；当采用机械连锁时，选用四极、双投闸刀切换。

（12）转换开关电器（TSE）应具备“自投自复”“自投不自复”和“手动”三种可选工作模式。其控制器的判断应为工作电源失压、备用电源有压。

1）“自投自复”：主回路失电，自动投向备用回路；主回路得电后，自动恢复至主回路。

2）“自投不自复”：主回路失电，自动投向备用回路；主回路得电后，不会恢复至主回路；及在备用回路失电且主回路有电时，可自动切换至主回路供电。

（13）无功补偿容量不得小于变压器总容量的 30%。

十一、供配电设施运行环境

（1）供配电设施运行环境应符合 GB 50053—2013《20kV 及以下变电所设计规范》要求。

（2）配变电所位置选择应根据下列要求综合考虑确定。

1）配变电所为独立建筑物时，不宜设置在地势低洼和可能积水的场所。

2）配变电所设置在建筑物的地下层时，不宜设置在最底层；当设置在最底层时，应采取适当抬高该所地面等防水措施，并应避免洪水、消防水或积水从其他渠道淹渍配变电所的可能性。特别重要活动场所的配变电所不宜设置在地下。

3）配变电所设置在地下层时，宜选择在通风、散热、防潮条件较好的场所，且宜加设机械通风及去湿设备。

（3）配变电所应具有通风、散热、防火、防涝、防潮、防小动物等措施。电缆夹层、电缆沟和电缆室应采取防水、排水措施。在装有 SF_6 设备的配电装置室，应装设强力通风装置，风口应设置在室内底部，排风口不应朝向居民住宅或行人通道；配变电所门口宜装设 SF_6 检测及报警装置。

（4）变压器室、配电装置室、电容器室的门应向外开，并应装锁。相邻配电装置室之间设有防火隔墙时，隔墙上的门应为甲级防火门，并向低电压配电室开启，当隔墙仅为管理需求设置时，隔墙上的门应为双向开启的不燃材料制作的弹簧门。

（5）设在地上的变电所内的变压器室宜采用自然通风，设在地下的变电所的变压器室应设机械送排风系统，夏季的排风温度不宜高于 45℃，进风和排风的温差不宜大于 15℃。

（6）并联电容器室应有良好的自然通风，通风量应根据并联电容器温度类别按夏季排风温度不超过并联电容器所允许的最高环境空气温度计算。当自然通风不能满足排热要求时，可增设机械排风。

（7）当变压器室、并联电容器室采用机械通风时，通风管道应采用不燃材料制作，并宜在进风口处加装空气过滤器。

（8）在供暖地区，控制室（值班室）应供暖，供暖计算温度为 18℃。在严寒地区，当配电室内温度影响电气设备元件和仪表正常运行时，应设供暖装置。控制室和配电装置室内的供暖装置，应采取防止渗漏措施，不应有法兰、螺纹接头和阀门等。

（9）位于炎热地区的变电所，屋面应有隔热措施。控制室或值班室宜设置通风或空调装置。

（10）位于地下层的变电所，其控制室（值班室）应保证运行的卫生条件，当不能满足要求时，应装设通风系统或空调装置。在高潮湿环境地区尚应根据需要考虑设置除湿装置。

（11）变压器室、并联电力电容器室、配电装置室以及控制室（值班室）内不应有与其无关的管道通过。

（12）装有六氟化硫（SF_6）设备的配电装置的房间，低位区应配备 SF_6 泄漏报警仪及事故排风装置。

（13）有人值班的配电所，宜设卫生间及给排水设施。

（14）重要活动场所配变电所宜设单独的值班室（可兼控制室），值班室应能直通或经过与走道相通相应的配电装置室，并应有门直接通向室外或走道。当配变电所设有低压配电装置时，值班室也可与低压配电装置室合并，此时在工作人员值班工作的一面或一端与配电装置的净距不应小于 3m。配变电所门应向外开启，门前应有运输通道，运输通道可利用车道垂直运输机械，或专设运输通道，宜为永久性通道，当配变电所采用双层布置时，位于楼上的配电装置室应至少设一个通向室外的平台或通道出口。长度大于 7m 的配电装置室应设两个出口，并宜布置在配电室的两端。

（15）配电防灭火器材参照 GB 50140—2005《建筑灭火器配置设计规范》配置，根据规范要求 E 类火灾场所应选择磷酸铵盐干粉灭火器、碳酸氢钠干粉灭火器、卤代烷灭火器或二氧化碳灭火器，但不得选用装有金属喇叭喷头的二氧化碳灭火器。

第四节 安全设施管理

一、安全工器具配置和使用要求

（1）应配置质量合格、数据满足工作需求的安全工器具。

1）绝缘安全工器具：绝缘杆、验电器、携带型短路接地线、绝缘手套、绝缘靴（鞋）等。

2）登高作业安全工器具：防静电安全帽、安全带、安全绳、非金属材质梯子等。

3）检修工具：螺丝刀、扳手、钢锯、电工刀、电工钳等。

4）测量仪表：红外温度测试仪、万用表、钳形电流表、绝缘电阻表、接地电阻测试仪等。

（2）安全工器具使用前应进行试验有效期的验查及外观检查，检查表面有无裂纹、划痕、毛刺、孔洞、断裂、老化迹象等；对安全工器具的机械、绝缘性能发生疑问时，应追加试验，合格后方可使用。

（3）安全工器具应妥善保管，存放在干燥通风的场所，不允许当作其他工具使用，且不合格的安全工器具不应存放在工作现场。部分安全工器具还应符合下列要求。

1）绝缘杆应悬挂或架在支架上，不应与墙或地面接触。

2）绝缘手套、绝缘靴应与其他工具仪表分开存放，避免直接碰触尖锐物体。

3）高压验电器应存放在防潮的匣内或专用袋内。

（4）安全工器具应统一分类编号，定置存放并登记在专用记录簿内，做到账物相符、一一对应，并及时地记录安全工器具的检查、试验情况，公用安全工器具应由专人负责管理。

（5）无人值班配电室可根据智能运维操作队配置安全工器具的情况，合理配置无人值班室配电室内的安全工器具，智能运维中心应对绝缘工器具进行管理，内容包括但不限于现场绝缘工器具品类、数量、投放日期、试验人员、试验日期、下次试验日期等。

二、标志标示配置和使用要求

（1）配电室内各种标示应齐全、清楚、正确，设备上不应粘贴与运行无关的标示。

（2）安全标示牌式样与悬挂位置应符合本书附录 D 的要求。

（3）部分停的工作，工作人员与停电设备安全距离不符合表 2-13 规定时应装设临时遮栏，表中未列电压等级按高一挡电压等级设计安全距离。

表 2-13　设备不停电时的安全距离

电压等级（kV）	安全距离（m）
10 及以下	0.70
35	1.00
110	1.50

（4）每面配电盘（柜）应标明路名和调度编号，双面维护的配电盘（柜）前和盘（柜）后均应标明线路名和运维编号，且线路名、编号应与模拟图板（屏）、自动化监控系统、运行资料等保持一致。

（5）配电装置前应标注警戒线，警戒线距配电装置应不小于 800mm。

（6）配电室的出入口应设置明显的安全警示标志牌。

（7）电缆的首端、末端和分支处应设标志牌。

三、环境、安全防护要求

（1）配电室空气温度和湿度应符合 GB/T 24274—2019 和 DL/T 593—2016 的要求，设备区域内应配有温、湿度计。

（2）室内变压器、高压配电装置、低压配电装置的操作区、维护通道应铺设绝缘胶垫。

（3）电缆沟盖板齐全，电缆夹层、电缆沟和电缆室设置的防水、排水措施完好有效。

（4）有专人班的配电室应配备带有录音功能的专用电话，电话畅通，时钟准确。

（5）设备构架，基础无严重腐蚀，房屋不漏雨，无未封堵的孔洞、沟道。

（6）正常照明和应急照明系统应完好，疏散指示标志灯的持续照明时间应大于30min。

（7）对装有产生有毒气体、窒息性气体的配电装置的房间，在发生事故时房间内易聚集气体的部位，应装设强制向外排风装置。

（8）室内变配电装置布置、安全净距、通道与围栏等应符合 GB/T 50053—2013、GB 50054—2011、GB 50059、GB 50060—2008 等的要求。

（9）配电室门、窗及安全出口的设置应符合 GB/T 50053—2013、GB 50352—2019 等的要求，出入口应设置高度不低于 500mm 的防小动物挡板并采取其他防鼠措施。

（10）配电室内环境整洁、场地平整，设备间不应存放与运行无关的物品，不应有与其无关的管道和线路通过，巡视道路应畅通。

（11）当配电室设置在地下时，应采取防水措施。

四、消防要求

（1）应设置符合 GB 50140—2005 要求的适用电气火灾的消防设施、器材，并定期维护、检查和测试。现场消防设施、器材不应挪作他用，周围不应堆放杂物和其他设备；采用气体灭火系统的消防钢气瓶，应加装爆裂预警探测装置。

（2）灭火器的定期检查、维修、报废和更新应按 GB 50444—2008 和 XF 95—2015 的要求执行。

（3）配电室应保持进出畅通，通道不应堵塞或占用，室内严禁烟火，对明火作业应办理审批手续，严加管理。

（4）电室内非消防负荷配电回路应安装电气火灾监控系统，其二级、三级配电回路安装有电气火灾监控系统的，应接入配电室内电气火灾监控系统，电气火灾监控系统的建设应按附录 E 的要求执行。

（5）电气火灾监控系统应具备良好的上下级数据接口兼容性。

五、智能化运维要求

（1）智能运维中心负责对设备运行数据状态及环境进行实时监控，职责应包含但不限于以下内容。

1）负责工作任务下发与审核，保护定值的核对修正、调度令的审核、指挥设备的操作及事故处理等。

2）负责实时监视，对监控数据巡视、浏览视频，分析采集数据，监测到设备故障缺陷时，应迅速、准确对异常信号作出初步分析判断，根据情况通知智能运维操作队对设备进行检查，并启动相应的缺陷处理流程。

3）根据预警信息及运行数据做好事故预判，发现配电室设备的运行管理数据达到或超过阈值时，应做好记录，必要时通知智能运维操作队加强现场巡视。

4）报警信息应实时同步至配电室负责人、智能运维操作队，并监视报警处理情况，故障消除后应与智能运维操作队核对配电室内信号状态，并做好记录。

5）负责组织事故分析、设备故障记录归档、对配电室设备的运行管理数据进行综合分析，出具配电室运行报告，配电室运行报告应包含以下内容。

a. 负荷情况分析。

b. 电量统计分析。

c. 预警信息分析。

d. 故障统计分析。

e. 巡视记录及分析。

f. 设备缺陷及异常分析。

（2）智能运维操作队的工作职责应包含以下内容。

1）负责配电室巡视、现场检查、责任区卫生、倒闸操作、故障隔离、与智能运维中心的调度联系、组织抢修等工作。

2）每次工作完毕后，应将巡视记录、内容、结果及时上报智能运维中心及配电室相关负责人。

3）智能运维操作队接到智能运维中心通知后应在不超过 1h 内到达现场，处理接收到的任务，及时上报处理结果。

4）出现下列情况，智能运维操作队的人员应留守。

a. 智能运维中心对配电室全部或重要设备失去监视或控制。

b. 设备异常影响电网运行安全。

c. 设备异常影响重要负荷范围较大。

第三章　配电设备运行

第一节　重要电力用户的供电电源

（1）重要电力用户的供电电源一般包括主供电源和备用电源。重要电力用户的供电电源应依据其对供电可靠性的需求、负荷特性，用电设备特性、用电容量，对供电安全的要求、供电距离，当地公共电网现状、发展规划及所在行业的特定要求等因素，通过技术、经济比较后确定。

（2）重要电力用户电压等级和供电电源数最应根据其用电需求、负荷特性和安全供电准则来确定。

（3）重要电力用户应根据其生产特点、负荷特性等合理配置非电保安措施。

（4）在地区公共电网无法满足重要电力用户的供电电源需求时，重要电力用户应根据自身需求，按照相关标准自行建设或配置独立电源。

（5）重要电力用户供电电源配置技术要求如下。

1）重要电力用户的供电电源应采用多电源、双电源或双回路供电。当任何一路或一路以上电源发生故障时，至少仍有一路电源能对保安负荷供电。

2）特级重要电力用户应采用多电源供电；一级重要电力用户至少应采用双电源供电；二级重要电力用户至少应采用双回路供电。重要电力用户供电模式，包括适用范围及其供电方式参见如下要求：根据不同供电电源配置的实际情况和可靠性的高低，可确定以下 3 类 14 种重要电力用户供电方式的典型模式。

按照供电电源回路数分为三类供电方式，分别是三电源供电、双电源供电、双回路供电。

a. 三电源供电：①三路电源来自三个变电所，全专线进线；②三路电源来自两个变电站，两路专线进线，一路公网供电进线；③三路电源来自两个变电所，一路专线进线，两路公网供电进线。

b. 双电源供电：①双电源（不同方向变电所）专线供电；②双电源（不同

方向变电所）一路专线、一路环网公网供电；③双电源（不同方向变电所）一路专线、一路辐射公网供电；④双电源（不同方向变电所）两路环网公网供电进线；⑤双电源（不同方向变电所）两路辐射公网供电进线；⑥双电源（同一变电所不同母线）一路专线、一路辐射公网供电；⑦双电源（同一变电所不同母线）两路辐射公网供电。

c. 双回路供电：①双回路专线供电；②双回路一路专线、一路环网公网进线供电；③双回路一路专线、一路辐射公网进线供电；④双回路两路辐射公网进线供电。

根据国家或行业对于重要电力用户的相关标准，重要电力用户应尽量避免采用单电源供电方式。

3）临时性重要电力用户按照用电负荷的重要性，在条件允许情况下，可以通过临时敷设线路或运用移动发电设备等方式满足双回路或一路以上电源供电条件。

4）重要电力用户供电电源的切换时间和切换方式应满足重要电力用户保安负荷允许断电时间的要求。切换时间不能满足保安负荷允许断电时间要求的，重要电力用户度自行采取技术措施解决。

5）重要电力用户供电系统应简单可靠，简化电压等级，重要电力用户的供电系统设计应按 GB 50052—2009 执行。

6）对电能质量有特殊需求的重要电力用户，应自行加装电能质量控制装置。

7）双电源或多路电源供电的重要电力用户，宜采用同级电压供电。但根据不同负荷需要及地区供电条件，亦可采用不同电压供电。采用双电源的同一重要电力用户，不宜采用同杆架设或电缆同沟敷设供电。

第二节　高低压配电装置

一、高低压配电装置运行要求

（1）开关柜各类仪表应显示正常，仪表显示应与实际相符。

（2）断路器分、合闸位置应指示正确，与实际状态相符。弹簧储能指示正常，储能开关在储能状态。10kV 母线电压偏差不超过+7%、−7%。

（3）断路器 SF_6 压力、真空度正常，操动机构应正常，无卡涩。断路器内无放电声和电磁振动声。

（4）闸刀（隔离开关）及负荷开关的固定触头与可动触头接触良好，无发热现象；操作机构和传动装置应完整、无断裂；操作杆的卡环和支持点应不松动、不脱落。

（5）负荷开关的灭弧装置完整无损。高压熔断器的熔丝管应完整，无裂纹，导电部分应接触良好，保护环不应缺损或脱落；高压跌落式熔断器、熔丝管应无变形，接触良好。

（6）负控终端装置外观完好、显示正常，无报警灯异常现象。跳闸回路已拆除。

（7）直流屏、控制屏表计指示正常，指示灯明亮，直流装置内部应无异常声响。直流元件无损坏、发热焦臭气味。所有表计指示正常，无指针弯曲、卡塞等现象。

（8）检查浮充电运行的蓄电池浮充电电流，硅整流工作指示正常；电池外观应无变形、无漏液。

（9）TV 柜、继电保护装置保护装置显示应正常；母线电压互感器切换开关的位置与所测母线位置应相符；压板及切换开关位置应与运行要求一致，各种信号指示应正常，直流母线电压应正常。

（10）电气设备各部件连接点应接触良好，无放电声，无过热变色、烧熔现象。母线排应无变色变形现象，绝缘件应无裂纹、损伤、放电痕迹。

（11）电气设备应无凝露，加热器或除湿装置应处于良好状态。

（12）接地网外露的连接点应完整牢固，接到设备外壳上的螺栓应镀锌。接地线地面部分防腐油漆完好，标志齐全明显。预留的专用临时接地线连接点应足够，标志明显。

（13）电缆接头温度正常。

二、高压配电装置

1. 电力变压器

（1）电力变压器运行应符合 DL/T 572—2021《电力变压器运行规程》要求。

（2）油浸式变压器的油温和温度计应正常，上层油温一般不高于 85℃；储油柜的油位应在规定的范围内，各部位无渗油、漏油；干式变压器声音无异常，运行温度应根据其绝缘等级确定，最高温升应小于 60K。

（3）油浸式变压器套管油色、油位应正常，套管外部无破损裂痕、无严重油污、无放电痕迹及其他异常现象；吸湿器完好，吸附剂干燥，吸附剂的吸潮变色不应超过总量的一半。干式变压器套管、绕组树脂绝缘外表层清洁、无爬电痕迹和碳化现象。高低压套管引线接地应连接牢固，无发热、裂纹及放电现象。

（4）变压器音响正常，无其他金属碰撞声；引线接头、电缆、母线应无发热迹象，接触处温度不应超过 80℃，且三相同一部位温差不得超过 30℃。

（5）变压器的外部表面应无积污；本体、套管、导线上均无异物和悬挂物。

（6）紧固件、连接件、导电零件及其他零件无生锈、腐蚀的痕迹及导电零件接触良好。

（7）风冷系统温度箱中电气设备运行正常，信号系统无异常。

2. 电力电缆

（1）电力电缆运行应符合 DL/T 1253—2013《电力电缆线路运行规程》要求。

（2）对于敷设于地下的电缆线路，路面应正常，无开挖痕迹，沟盖、井盖应无缺损，线路标志应完整无缺；电缆线路上不能堆置瓦砾、矿渣、建筑材料、笨重物件、酸碱性排泄物或砌石灰坑、建房等。

（3）敷设于桥梁上的电缆、电缆保护管、沟槽应无脱开或锈蚀，检查盖板应无缺损。

（4）电缆终端表面应无放电、污秽现象；终端密封应完好；终端绝缘管材应无开裂；套管及支撑绝缘子应无损伤。

（5）电气连接点固定件应无松动、锈蚀，引出线连接点应无发热现象；终端应力锥部位应无发热情况。

（6）对有补油装置的交联电缆终端，油位应在规定的范围之间；GIS 筒内应无放电声响。

（7）接地线应良好，连接处紧固可靠，无发热或放电现象。

（8）电缆铭牌完好，相色标志齐全、清晰；电缆固定、保护设施完好等。

（9）电缆终端杆塔周围无影响电缆安全运行的树木、爬藤、堆物及违章建筑等。

（10）对电缆终端处的避雷器，其套管应完好，表面无放电痕迹，泄漏电流监测仪数值应正常，并按规定记录放电计数器动作次数。

（11）工井、隧道、电缆沟、竖井、电缆夹层、桥梁内电缆外护套与支架或金属构件处应无磨损或放电迹象，衬垫完好，电缆及接头位置固定正常，电缆及接头上的防火涂料或防火带完好。孔洞封堵完好，通风、排水及照明设施应完好。

（12）对水底电缆，应经常检查临近河（海）岸两侧是否有受潮水冲刷的现象，电缆盖板是否露出水面或移位，同时检查河岸两端的警告牌是否完好。

（13）多条并联运行的电缆要检测电流分配和电缆表面温度，防止电缆过负荷。

（14）对电缆线路靠近热力管或其他热源、电缆排列密集处，应进行土壤温度和电缆表面温度监视测量，防止电缆过热。

3. 继电保护、直流电源及自动化装置

（1）10kV 进线开关。若重要会议或活动场所开闭所为一级开闭所，则其进线开关速断保护停用，过流保护一次值与变电站出线开关相同，时间少一个极差，一般为 0.7s。其他开闭所进线开关保护停用。

（2）10kV 母分开关。开闭所母联开关保护停用。

（3）10kV 馈线开关。速断保护与上级电源开关配合，并躲过 8～12 倍励磁涌流，时间为 0s。

过电流保护电流定值与上级电源开关过流保护配合，并躲过 1.5 倍负荷电流。时间比上级电源开关过流保护少一个极差，一般为 0.4s。

（4）备自投整定原则。

1）0.4kV 母分备自投。跳闸时间一般取 1s，合闸时间按照 0.1～0.5s 延时整定。

2）ATS。负荷侧 ATS 延时 2s；一般情况下，ATS 宜采用自投不自复或互为备用转换模式；油机 ATS 自动转换时间在没有 10kV 母分备自投时无须配合，一般取 0.5s。

（5）自备应急电源。自备应急电源应定期试发、试接，开展应急电源功能测试，检验投切情况和发电机启动情况，并做好记录。自备发电机组应每个月检查一次，重要活动开始前应再次试发，发现异常应及时消缺。

1）UPS 和 EPS。UPS、EPS 室环境温度不高于 35℃；电池容量（持续供电时间）与设备参数相符；主机声音、运行指示、运行模式正常；三相电压、电流正常。

2）柴油发电机（车）。发电机应确保状态良好，可随时投入使用；发电机上连接电缆等附件应齐备，并备有一定数量的备品备件；试发中机油压力、水温等情况应良好，无异味、异响情况；发电机启动蓄电池液面正常，无破损和漏液情况，极柱无烧毁现象、无锈痕。蓄电池电压正常。

（6）直流电源设备电压应正常，直流屏各项指示灯信号正常，开关位置正确，屏显应正常。

（7）直流系统蓄电池应无渗液、老化现象，箱体应无锈蚀、渗漏。

（8）自动化终端设备表面清洁，无裂纹和缺损。

（9）继电保护装置及自动化终端二次端子排接线无松动，运行工况正常，各指示灯信号正常。

（10）设备接地应牢固可靠，终端装置电缆线头的标号应清晰正确、无松动。

（11）二次安全防护设备应运行正常。

（12）如检查有工况退出站点，有遥测、遥信信号异常情况，应与主站系统重新调试，调试合格后及时投运。

（13）对自动化终端装置参数定值等应进行核实及时钟校对，做好数据的常态备份工作。

三、低压配电装置

（1）低压设备指示灯指示应正常。电压偏差不超过+7%、−10%。

（2）对于低压 TN 系统且配电变压器联结组别为 Dy 接线的，总 N 线零序电流不宜大于 50%相线额定电流（相线 N 线等截面条件下），支路 N 线零序电流不宜大于 25%相线额定电流。

（3）低压母线和电气连接部位长期运行温度应不大于 70℃，运行环境温度应不大于 40℃。

（4）低压失压脱扣退出。

（5）各类断路器、隔离开关的操作手柄等开、合位置正确，开关状态指示正确。

（6）自动转换开关电器（ATSE）处在自投不自复方式。

（7）直流系统蓄电池容量配置符合标准。蓄电池外观无破损和漏液情况，极柱无烧毁现象、无锈痕，充、放电试验合格。

（8）工作和保护接地连接良好，无锈蚀断裂现象。

（9）无功补偿装置电容器无漏液、“冒顶”、膨胀等现象，内部无不正常声响、无放电痕迹。

（10）末端配电箱门上应粘贴塑封好的末端负荷接线图，如接线发生变化，应及时更新接线图并注明更新日期。

四、末端重要负荷

（1）插座外观无破损，安装牢固，无变色，无烧灼痕迹等。

（2）重要用电设备和负荷、容量较大的用电设备在电源箱处应测量启动电流、正常负荷电流和电压，电流电压应在额定范围内。

（3）对电能质量敏感的重要负荷应选择在对该负荷供电的最后一级配电箱处

监测谐波或在线监测参数的瞬时变化情况。

（4）灯座绝缘层无熔化情况，灯座金属导体部分无发热变色现象，红外线测温时与相邻灯座无明显差异。

第三节　设备的巡视与检查

电气设备在运行中的巡视可分为定期巡视、特殊巡视、夜间熄灯巡视和监督性（会诊性）巡视。

一、定期巡视

（1）交接班时的巡视，由接班人会同交班人对电气设备进行的巡视。

（2）值班期间的巡视，是指运行值班人员在值班期间，按规定时间对电气设备进行的巡视。

二、特殊巡视

特殊巡视指在出现下列情况之一时所增加的巡视。

（1）气温骤变。

（2）浓雾或大风、雷雨、冰雹或降雪之后。

（3）设备过负荷或带缺陷运行。

（4）设备发生了事故或异常，开关切断过短路故障或有穿越性故障之后。

（5）变电所担负特别重要的供电任务。

三、夜间熄灯巡视

夜间熄灯巡视主要是在设备重负荷运行或在浓雾天气时进行，巡视的目的主要是检查设备接头有无过热、发红、打火现象，绝缘子表面有无闪络、放弧等现象的发生。

四、监督性（会诊性）巡视

由站长、技术负责人员或上级领导组织进行，目的是了解设备的运行情况，检查指导运行人员的工作，对有疑问的缺陷进行会诊分析。这种巡视应形成制度，每月至少进行一次。

五、电气设备的巡视方法

（1）充分发挥眼、鼻、耳、手的作用进行巡视检查。主要是观察设备的外观有无异状，如颜色有无变化、有无杂物、表针指示是否正常等；用耳倾听设备的声音是否正常；用鼻嗅闻有无异常的气味；用手触摸允许直接接触的设备温度是否正常等。最后通过眼、耳、鼻、手所收集到的情况进行综合分析，判断设备的运行情况是否正常。

（2）利用仪器进行测量或用某些辅助元件（如监视温度的蜡片）进行监视。现在普遍利用“红外线测温仪”，在带电的情况下，非接触测量电气设备（特别是接头）的温度。试温蜡片，可以贴在设备的外壳上或绑在接头上，也可以捆扎在绝缘棒上，再让蜡片直接接触设备，观察蜡片是否熔化或根据其颜色显示来判断温度的高低。目前通常使用的蜡片开始熔化的温度有 60、70、80℃三种，可以根据实际情况选用。使用变色漆来监视温度时，是预先在接头上或者在需要监视的部位上涂上变色漆，根据温度的高低不同而显示不同的颜色，如 80℃显示赤色，100℃显示褐色，100℃以上显示黑色。还可利用望远镜观看高位设备的情况。

（3）利用自然条件来观察和检查设备。如有雪、雨时可以检查接头是否有水蒸气产生，判断其有无发热现象；检查绝缘子上是否有水波纹，判断其是否有裂纹。有阳光时，可根据绝缘子因阳光产生的聚光点，检查绝缘子是否有裂纹。

六、监盘

变电所的控制屏上安装了各种表计，如电流表、电压表、有功负荷表、无功负荷表、温度表及各种指示灯、光字信号灯等。运行人员在运行值班中，在很大程度上是靠监盘，并根据各种表计的指示和灯光的显示来判断设备的运行情况。因此，要求在运行值班中，应认真监盘，控制室不能无人。为了使值班人员在监盘中引起应有的注意，可以在馈出线或某些回路的电流表上标出监视红线，以示警诫，当电流指示接近红线时，运行值班人员就应引起注意，必要时应报调度申请采取措施进行处理。

第四章　配电设备倒闸操作

第一节　倒闸操作任务与人员要求

一、倒闸操作的任务

运行中的电气设备，会因检修、调整、试验、消除缺陷以及改变一次回路的运行接线或新设备投入等工作，需要运行人员进行运行方式的变换而投入、断开、倒换电气设备的一系列操作，称为倒闸操作。它是一项重要而复杂的操作，关系到工矿企业的用电设备、供电和人身的安全。要特别防止误拉合开关、带负荷拉合隔离开关、带电挂接地线（包括接地开关）、带地线合闸和误入带电间隔等恶性事故（合称“五防”），以及错停负负荷等。

1. 电气设备的运行状态

电气设备的运行有四种状态如下。

（1）运行：是指相关一、二次回路全部接通带电。

（2）热备用（也称备用）：是指开关断开、隔离开关合上。

（3）冷备用（也称停用）：是指开关和隔离开关均断开，但回路中互感器、避雷器等均接通，如需其断开，应指明将它们也改为冷备用。

（4）检修：是指回路中各设备断开，已挂接地线，装设遮栏，悬挂标示牌。

2. 变电所设备检修情况

变电所设备检修有以下几种情况。

（1）开关检修：是指开关及直流操作回路熔断器和两侧隔离开关断开，开关两侧接地。

（2）线路检修：是指开关和线路侧隔离开关均断开，并在线路侧接地。

（3）开关和线路检修：是指开关与线路同时检修，应将开关两侧和线路侧接地。

除这之外，还有变压器检修及开关和变压器检修等。

3. 倒闸操作的具体任务

倒闸操作的具体任务如下。

（1）设备的四种运行状态的互换，例如设备停送电、备用转检修等。

（2）改变一次回路运行方式，如“倒母线”、改变母线的运行方式、并列与解列、改变中性点接地状态、调整变压器分接头等。

（3）继电保护和自动装置的投入、退出和改变定值。

（4）接地线的装设和拆除、接地刀闸的拉合。

（5）其他操作，如冷却器启停、蓄电池充放电等。

二、操作人员的要求

1. 充分明确操作的职责

只有值班长才能够接受调度命令和担任倒闸操作中的监护人；值班员无权接受调度命令，只能担任倒闸操作中的操作人；实习人员一般不介入操作中的实质性工作。操作中由值班长监护、值班员操作，实习人员担任操作时，应有两人监护，严禁单人操作。

操作人不能依赖监护人，应对操作内容充分明了核实操作。

倒闸操作时，不进行交接班，不做与操作无关的事。

如遇事故发生，应沉着冷静，分析判断清楚，并正确地处理事故。

2. 充分了解当时的运行方式

应充分了解当时的运行方式，如一次回路的运行接线、电源和负荷的分布，继电保护和自动装置的投运情况，并核对无误。

3. 细致核查操作的设备

操作人不能凭记忆操作，应仔细核对设备的编号、名称，无误后方可进行操作。

现场一、二次设备应有醒目的标示，如命名、编号、铭牌、转动方向、切换位置指示、相别颜色、一次系统模拟图板、二次保护配置图等。

4. 严格遵守执行操作命令

应有明确的操作命令、合格的操作票或经有关领导准许的操作技术才能执行操作。

5. 使用合格的安全用具

验电笔、绝缘棒、绝缘靴、绝缘手套等的试验日期和外观检查应合格；操作中使用的仪表如钳形电流表、万用表、绝缘电阻表等应保证其正常性和安全性。

用绝缘棒拉合隔离开关或经传动机构拉合隔离开关时，均应戴绝缘手套；雨天操作室外高压设备时，绝缘棒应有防雨罩，还应穿绝缘靴；当发现变电所的接地电阻不符合要求时，晴天操作亦应穿绝缘靴。

6. 严格执行检修转运行前的倒闸操作规定

检修转运行倒闸操作前，必须收回并检查有关工作票，拆除安全措施，如拉开接地开关，拆除接地线及标示牌等；设备的调整试验数据应合格，并有工作负责人在有关记录簿上写入“可以投入运行”的结论；检查被操作设备是否处于正常位置。

7. 验电及装设接地线

（1）在可能来电的各方面或对停电设备可能产生感应电压的都应装设临时接地线，例如，被检修设备（或线路）两侧。

（2）装设的接地线与带电设备的距离应符合安全规程的规定。

（3）检修路线时应根据路线的长短和有无感应电压等情况决定接地线数量，检修 10m 以下的母线，可只装一组接地线，如检修门型架外侧线路，若接地线与工作点距离小于 10m，也不另装地线。

（4）检修的工作部分与接地线之间不得连有断路器、隔离开关、熔断器等。

（5）全变电所停电时，应将各侧可能来电部位均挂接地线，其余部分不必每段装设。

（6）在室内配电装置上，接地线应装设在规定的地点。

8. 装拆接地线

装拆接地线必须由两人进行。装设前，先在被验电设备的同级电压的带电体上，试验电器的完好性（10kV 及以上也可用绝缘棒代替，以接触带电体的声光来判断）后，立即在停电设备上验电，当验电结束后，应立即在该验电地点装设接地线，以防止突然来电。

9. 装接地线

装接地线时，应将专用接地线先接接地端（三相短接好），后接导体端，必须使用专用线来固定并应接触良好，严禁用缠绕方法进行接地或短接，接地线不应与人体接触，拆除接地线与上述次序相反。

装拆接地线操作时均应使用绝缘棒和绝缘手套。

第二节 典型客户运行方式倒闸操作

一、运行方式一倒闸操作步骤

单母线供电全主全备，即主供电源供 2000kVA（1000kVA+1000kVA），备供电源供 2000kVA（1000kVA+1000kVA）。正常运行时使用主供电源，当主供电源失电时才使用备供电源，备供电源日常处于热备供状态（见图 4-1）。

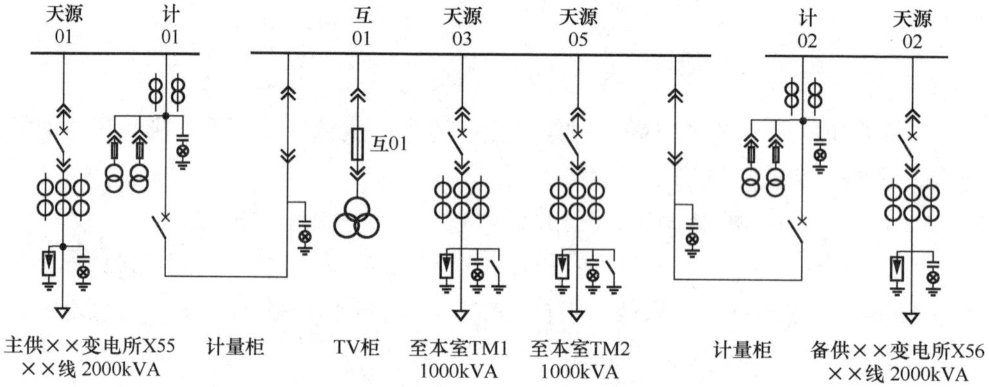

图 4-1 运行方式一接线图

1. 电网停电

主供电源断路器（天源 01）及各馈出回路的断路器（天源 03、天源 05）均未跳闸，主供电源柜的带电显示装置的指示灯不亮说明主供电源无电。

（1）首先观察备供电源柜的带电显示装置的指示灯是否点亮（点亮则进线

有电）。

（2）拉开所有馈出回路的断路器（天源 03、天源 05）。

（3）拉开主供电源断路器（天源 01），再将小车拉到试验位置，并在柜体上悬挂“有人工作，严禁合闸”标识牌，取下主供电源程控锁钥匙。

（4）取下备供电源柜上“有人工作，严禁合闸”标识牌，插上主供电源程控锁钥匙并将小车推到运行位置，再合上备供电源断路器（天源 02）。

（5）再合上馈出回路的断路器（天源 03、天源 05），逐步恢复正常运行。

2. 客户内部故障造成进线电源断路器跳闸

（1）首先观察进线电源柜的带电显示装置的指示灯是否点亮（点亮则进线有电），说明故障在客户内部；需找出故障点后退出故障设备，并在柜体上悬挂“设备故障，严禁合闸”标识牌，再逐一拉开各馈出回路的断路器。

（2）确定故障设备均已退出运行后，才能将进线电源柜断路器合上，逐步恢复正常馈出回路。

（3）若此故障发生在 10kV 母线上，则必须将母线故障处理完毕后，才允许合上进线电源柜断路器，逐步恢复正常运行。

二、运行方式二倒闸操作步骤

单母线分段供电全主全备，即主供电源供 2000kVA（1000kVA+1000kVA），备供电源供 2000kVA（1000kVA+1000kVA）。正常运行使用主供电源，母联合上只有当主供电源失电时才使用备供电源，备供电源日常应处于热备供状态（见图 4-2）。

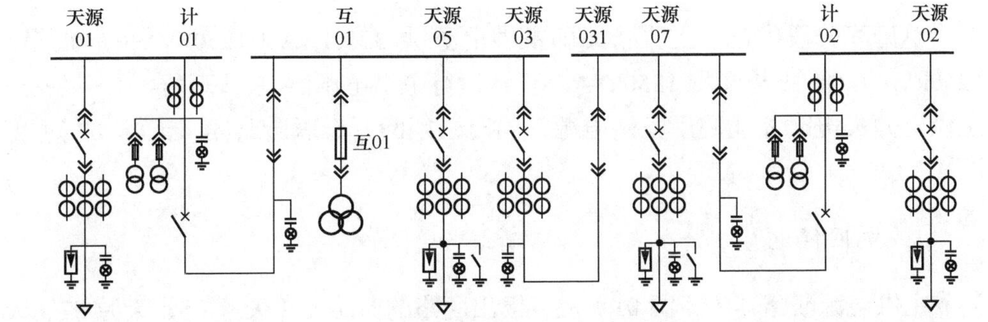

图 4-2 运行方式二接线图

1. 电网停电

主供电源断路器（天源 01）及各馈出回路的断路器（天源 05、天源 07）均未跳闸，主供电源柜的带电显示装置的指示灯不亮则表示主供电源无电。

（1）首先观察备供电源柜的带电显示装置的指示灯是否点亮（点亮则进线有电）。

（2）拉开所有馈出回路的断路器（天源 05、天源 07）。

（3）拉开主供电源断路器（天源 01），再将小车拉到试验位置，并在柜体上悬挂“有人工作，严禁合闸”标识牌，取下主供电源程控锁钥匙。

（4）取下备供电源柜上“有人工作，严禁合闸”标识牌，插上主供电源程控锁钥匙并将小车推到运行位置再合上备供电源断路器（天源 02）。

（5）最后合上馈出回路的断路器（天源 05、天源 07），逐步恢复正常运行。

2. 客户内部故障造成进线电源断路器跳闸

（1）首先观察进线电源柜的带电显示装置的指示灯是否点亮（点亮则进线有电），说明故障在客户内部，需找出故障点并退出故障设备，并在柜体上悬挂“设备故障，严禁合闸”标识牌，再逐一拉开各馈出回路的断路器。

（2）确定故障设备均已退出运行后，才能将进线电源柜断路器合上，逐步恢复正常馈出回路。

（3）若此故障发生在 10kV 母线上，则必须将母线故障处理完毕后，才允许合上进线电源柜断路器，逐步恢复正常运行。

三、运行方式三倒闸操作步骤

单母线分段供电全主半备，即主供电源供 3750kVA（1250kVA+1250kVA+1250kVA），备供电源供 1250kVA。正常运行主供电源供电，母联合上，只有当主供电源失电时才能使用备供电源，同时必须断开母联断路器（天源 03）（见图 4-3）。

1. 电网停电

主供电源断路器（天源 01）及各馈出回路的断路器（天源 05、天源 07、天源 09）均未跳闸，主供电源柜的带电显示装置的指示灯不亮，说明主供电源无电。

（1）首先观察备供电源柜的带电显示装置的指示灯是否点亮（点亮则进线有电）。

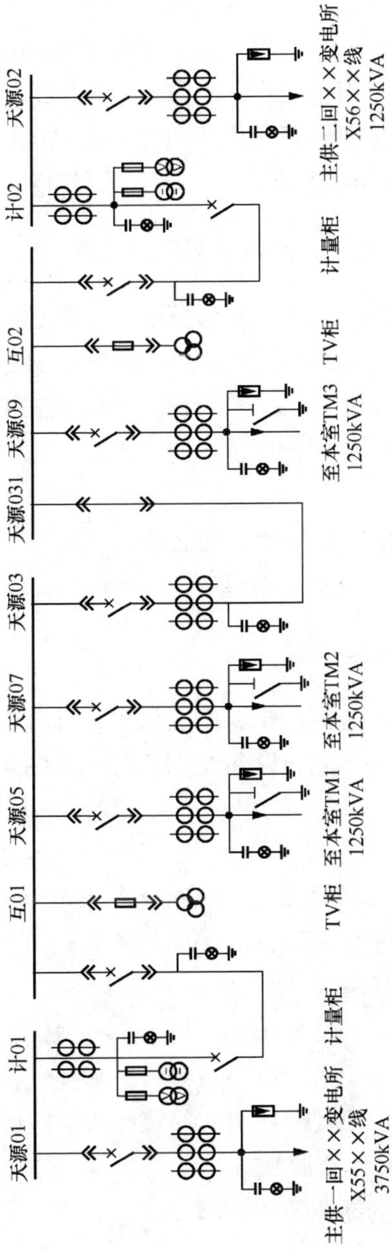

图 4-3　运行方式三接线图

（2）拉开所有馈出回路的断路器、母联断路器及隔离开关（天源 05、天源 07、天源 03、天源 031）。

（3）拉开主供电源断路器（天源 01）再将小车拉到试验位置，并在柜体上悬挂“有人工作，严禁合闸”标识牌，同时取下主供电源和母联柜的程控锁钥匙。

（4）取下备供电源柜上“有人工作，严禁合闸”标识牌，插上主供电源和母联柜的程控锁钥匙并将小车推到运行位置，再合上备供电源断路器（天源 02）。

（5）最后合上馈出回路的断路器（天源 09），逐步恢复正常运行。

2. 客户内部故障造成进线电源断路器跳闸

（1）首先观察进线电源柜的带电显示装置的指示灯是否点亮（点亮则进线有电）；说明故障在客户内部，需找出故障点并退出故障设备，然后在柜体上悬挂“设备故障，严禁合闸”标识牌，再逐一拉开各馈出回路的断路器。

（2）确定故障设备均已退出运行后，才能将进线电源柜断路器合上，逐步恢复正常馈出回路。

（3）若此故障发生在 10kV 母线上，则必须将母线故障处理完毕后，才允许合上进线电源柜断路器，逐步恢复正常运行。

四、运行方式四倒闸操作步骤

单母线分段正常运行方式是两路电源同时供电，母联断开；只有当任何一路停电时才能合上母联，并由另一路带路带全部负荷（见图 4-4）。

1. 电网停电

主供一回断路器（天源 01）及馈出回路的断路器（天源 05）均未跳闸，主供一回的带电显示装置的指示灯不亮说明主供一回无电。

（1）拉开馈出回路的断路器（天源 05）。

（2）拉开主供一回断路器（天源 01）再将小车拉到试验位置，并在柜体上悬挂“有人工作，严禁合闸”标识牌，取下主供一回程控锁钥匙。

（3）在母联柜插上主供一回程控锁钥匙并将小车推到运行位置，再合上母联隔离开关及断路器（天源 031、天源 03）。

（4）最后合上馈出回路的断路器（天源 05），逐步恢复正常运行。

2. 客户内部故障造成进线电源断路器跳闸

（1）首先观察进线电源柜的带电显示装置的指示灯是否点亮（点亮则进线有

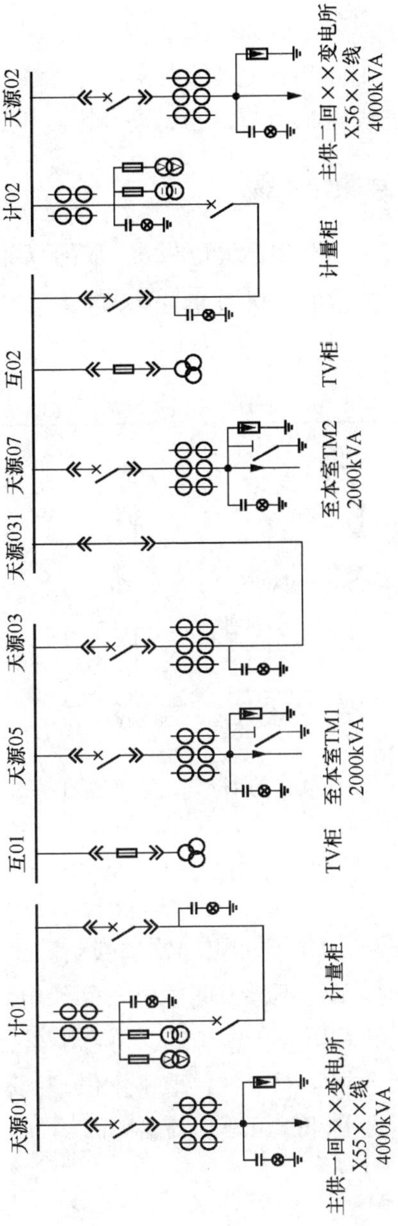

图 4-4　运行方式四接线图

电）；说明故障在客户内部，需找出故障点后退出故障设备，并在柜体上悬挂“设备故障，严禁合闸”标识牌，最后逐一拉开各馈出回路的断路器。

（2）确定故障设备均已退出运行后，才能将电源柜断路器合上，逐步恢复正常馈出回路。

（3）若此故障发生在 10kV 母线上，则必须将母线故障或馈出回路高压侧处理完毕后，才允许合上进线电源柜断路器，逐步恢复正常运行。

五、运行方式五倒闸操作步骤

双电源正常运行方式是两路电源同时供电，高压无联络；当任意一路高压停电时只能通过变压器低压侧母联带部分重要负荷，其总容量不能超过该线路所接变压器容量（见图 4-5）。

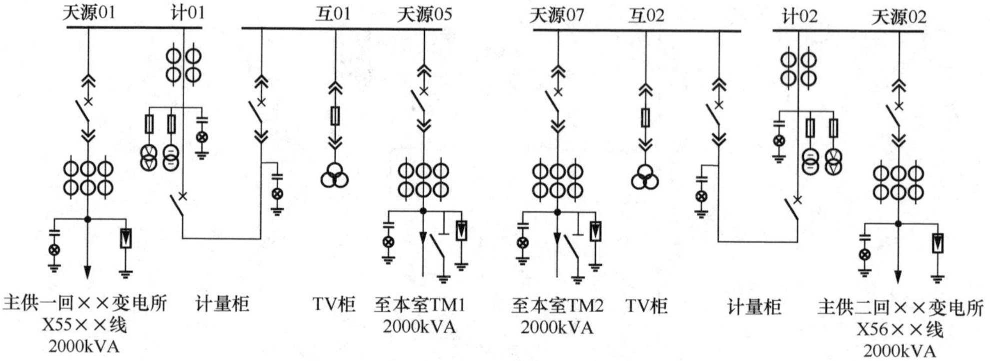

图 4-5　运行方式五接线图

1. 电网停电

主供一回断路器（天源 01）及馈出回路的断路器（天源 05）均未跳闸，主供一回的带电显示装置的指示灯不亮说明主供一回无电。

（1）拉开馈出回路的断路器（天源 05），再将小车拉到试验位置，并在柜体上悬挂“有人工作，严禁合闸”标识牌，取下主供一回程控锁钥匙。

（2）合上低压联络柜带上部分重要负荷，同时控制低压侧总电流不超过该变压器的额定电流。

2. 客户内部故障造成进线电源断路器跳闸

（1）首先观察进线电源柜的带电显示装置的指示灯是否点亮（点亮则进线有

电）；说明故障在客户内部，需找出故障点后退出故障设备，并在柜体上悬挂“设备故障，严禁合闸”标识牌，再逐一拉开各馈出回路的断路器。

（2）确定故障设备均已退出运行后，才能将电源柜断路器合上，逐步恢复正常馈出回路。

（3）若此故障发生在 10kV 母线上，则必须将母线故障或馈出回路高压侧处理完毕后，才允许合上进线电源柜断路器，逐步恢复正常运行。

第五章　配电设备巡检及试验

第一节　配电设备巡检及试验原则

20kV 及以下配电网设备状态检修试验分为巡检、例行试验和诊断性试验三类。巡检、例行试验通常按周期进行，诊断性试验只在诊断设备状态时有选择地进行。

一、总的巡检原则

（1）设备巡检应按照标准规定的巡检内容，以及设备技术文件特别提示的其他巡检要求对各类设备进行巡检。

（2）设备巡检应根据配电网设备运行状态和评价结果确定，并应符合下列规定：

1）自身存在缺陷和隐患的设备，应加强跟踪监视，增加带电检测频次，及时掌握隐患和缺陷的发展状况，采取有效的防范措施。有条件时，可对特别重要和重要设备开展温度、局部放电等项目的在线监测。

2）对于自然灾害频发和外力破坏严重区域，应采取差异化巡视策略，并制订有针对性的应急措施。

3）恶劣天气和运行环境变化有可能威胁设备安全运行时，应加强巡检，并采取有效的安全防护措施。

4）对电能安全稳定运行和可靠用电有特殊要求时，应制订安全防护方案，开展动态巡检和安全防护值守。

二、例行试验、诊断性试验原则

（1）在进行与环境温度、湿度有关的试验时，除有特殊规定外，环境相对湿度不宜大于 80%，环境温度不宜低于 5℃，绝缘表面应清洁、干燥。

（2）进行耐压试验时，除制造厂装配的成套设备外，宜将连在一起的设备分离单独试验，但同一试验电压的设备可连在一起试验。已有单独试验记录的不同试验电压的设备，单独试验有困难时，也可连在一起试验。此时，试验电压应采用连接设备中的最低试验电压。

（3）当设备的额定电压与实际使用的额定工作电压不同时，应根据下列原则确定试验电压：

1）当采用额定电压较高的设备以加强绝缘时，应按照设备的额定电压确定其试验电压。

2）当采用额定电压较高的设备作为代用设备时，应按照实际使用的额定工作电压确定其试验电压。

（4）同一电压等级、不同绝缘水平的设备，其试验电压按该设备实际所处系统中性点接地方式规定的绝缘水平确定试验电压。

（5）现场更换的新设备在投入运行前应按 GB 50150—2016 规定进行试验。

（6）现场备用设备应视同运行设备进行例行试验；备用设备投运前应对其进行例行试验，必要时对长期备用的户外开关、配电变压器、电力电缆等设备还应进行耐压试验等诊断性试验。

三、设备状态评价和处理原则

（1）设备状态评价原则：设备状态评价应基于试验数据、缺陷及隐患、在线监测数据、不良工况等状态信息，包括其现象强度、量值以及发展趋势，结合与同类设备的比较，做出综合判断。

（2）注意值处置原则：有注意值要求的状态量，若当前试验值超过注意值或接近注意值的趋势明显，应加强跟踪分析，必要时缩短试验周期。

（3）警示值处置原则：有警示值要求的状态量，若当前试验值超过警示值或接近警示值的趋势明显，对于运行设备，宜安排停电试验；对于停电设备，隐患未消除前不宜投入运行。

第二节　电气设备巡检、试验项目及诊断性试验项目

一、开关柜

1. 开关柜巡检项目

开关柜巡检项目见表 5-1。

表 5-1 开关柜巡检项目

序号	巡检项目	周期	要求	说明
1	外观检查	3 个月	1）外观无异常，高压引线连接正常，绝缘件表面完好 2）无异常放电声音，设备无凝露，加热器或除湿装置处于正常状态 3）试温蜡片无脱落或测温片无变色 4）标识规范，开关柜的命名、编号、警示标识等完好、正确、清晰 5）带电显示器显示正常，开关防误闭锁完好，柜门关闭正常，油漆无剥落 6）照明正常 7）开关柜前后通道无杂物 8）防小动物、防火、防水、通风措施完好 9）模拟图板或一次接线图与现场一致	
2	气体压力值		气体压力表指示正常	
3	操动机构状态检查		1）操动机构合、分指示正确 2）加热器功能正常	加热器检查每半年一次
4	电源设备检查		1）交直流电源、蓄电池电压、浮充电流正常 2）蓄电池等设备外观正常，接头无锈蚀、渗液、老化，状态显示正常 3）机箱无锈蚀和缺损	
5	接地装置检查		接地装置完整、正常	
6	仪器仪表检查		显示正常	
7	构架、基础检查		正常，无裂缝	

2. 开关柜例行试验项目

开关柜例行试验项目见表 5-2。

表 5-2 开关柜例行试验项目

序号	例行试验项目	周期	要求	说明
1	红外测温	1）6 个月 2）必要时	温升、温差无异常，具体按 DL/T 664—2016 的相关条款执行	具备条件时开展
2	超声波局部放电测试和暂态地电压测试	1）特别重要设备：6 个月 2）重要设备：1 年 3）一般设备：2 年	无异常放电	采用超声波、地电波局部放电检测等先进技术进行
3	绝缘电阻测量	1）特别重要设备：6 年 2）重要设备：10 年 3）一般设备：必要时	1）20℃时开关本体绝缘电阻不低于 300MΩ 2）20℃时金属氧化物避雷器、TV、TA 一次绝缘电阻不低于 1000MΩ，二次绝缘电阻不低于 10MΩ 3）在交流耐压前、后分别进行绝缘电阻测量	一次采用 2500V 绝缘电阻表，二次采用 1000V 绝缘电阻表

续表

序号	例行试验项目	周期	要求	说明
4	主回路电阻测量	1）特别重要设备：6年 2）重要设备：10年 3）一般设备：必要时	不大于初值的1.5倍（注意值）	测量电流不小于100A
5	交流耐压试验		1）断路器试验电压值按DL/T 593—2016的规定 2）TA、TV（全绝缘）一次绕组试验电压值按出厂值的85%进行，出厂值不明的按30kV进行 3）当断路器、TA、TV一起耐压试验时，按最低试验电压进行	试验电压施加方式： 合闸时各相对地及相间； 分闸时各断口
6	动作特性及操动机构检查和测试		1）合闸在额定电压的85%～110%范围内应可靠动作，分闸在额定电压的65%～110%范围内应可靠动作；当低于额定电压的30%时，脱扣器不应脱扣 2）储能电动机工作电流及储能时间检测，检测结果应符合设备技术文件要求。电动机应能在85%～110%的额定电压下可靠工作 3）直流电阻结果应符合设备技术文件要求或初值差不超出−5%～+5%范围 4）开关分合闸时间、速度、同期、弹跳符合设备技术文件要求	1）采用一次加压法 2）A、B类检修后开展
7	控制、测量等二次回路绝缘电阻		绝缘电阻一般不低于2MΩ	采用1000V绝缘电阻表
8	连跳、“五防”装置检查		符合设备技术文件和“五防”［防止误分、误合断路器，防止带负荷拉、合隔离开关，防止带电（挂）合接地线（开关），防止带接地线（开关）合断路器（隔离开关），防止误入带电间隔］要求	
9	接地电阻测试		不大于4Ω，且不大于初值的1.3倍	1）接地体改造或更换后，应进行接地电阻测试 2）可结合构筑物及外壳一起测试

二、高压计量箱

1. 高压计量箱巡检项目

高压计量箱巡检项目见表5-3。

表 5-3　高压计量箱巡检项目

序号	巡检项目	周期	要求	说明
1	外观检查	1）市区线路：1个月 2）郊区及农村线路：3个月	1）外观无异常，高压引线连接正常，瓷件无残损、无异物挂接 2）声音无异常 3）标识规范，高压计量的命名、编号、警示标识等完好、正确、清晰 4）套管外绝缘无污秽及放电痕迹	
2	接地装置检查		接地线连接正常，接地装置完整、正常	接地体无明显锈蚀

2. 高压计量箱例行试验项目

高压计量箱例行试验项目见表 5-4。

表 5-4　高压计量箱例行试验项目

序号	例行试验项目	周期	要求	说明
1	红外测温	1）6个月 2）必要时	引线接头、本体的温升、温差无异常，具体按 DL/T 664—2016 的相关条款执行	判断时应考虑测量时负荷电流的变化情况；具备条件时开展
2	本体及二次回路绝缘电阻测试	1）特别重要设备：6年 2）重要设备：10年 3）一般设备：必要时	1）20℃时绝缘电阻不低于 1000MΩ 2）20℃时二次绝缘电阻不低于 10MΩ	一次采用 2500V 绝缘电阻表，二次采用 1000V 绝缘电阻表
3	接地电阻测试	1）首次：投运后3年内 2）6年 3）必要时	不大于 10Ω 且不大于初值的 1.3 倍	接地体改造或更换后，应进行接地电阻测试

3. 高压计量箱诊断性试验项目

高压计量箱诊断性试验项目见表 5-5。

表 5-5　高压计量箱诊断性试验项目

诊断性试验项目	要求	说明
交流耐压试验	一次绕组按出厂值的 85%进行试验，出厂值不明的，按 30kV 进行	A、B 类检修后或检验主绝缘时进行

三、配电变压器

1. 配电变压器巡检项目

配电变压器巡检项目见表 5-6。

表 5-6 配电变压器巡检项目

序号	巡检项目	周期	要求	说明
1	外观检查	1)柱上变压器市区线路:1个月 2)郊区及农村线路:3 个月 3)配电室、箱式变电站:3个月	1)外观无异常，油位正常，无渗油、漏油，呼吸器畅通，对地距离合格，测温装置正常 2)变压器台架高度符合规定，无锈蚀、倾斜、下沉，构件无腐朽，砖、石结构台架无裂缝和倒塌等隐患 3)围栏、门锁齐全，无隐患 4)接线线夹（端子）无松动 5)标识规范，变压器的命名、编号、警示标识等完好、正确、清晰	对地距离包括所有有关的电气安全距离（包括对地面、构筑物、树木等）
2	呼吸器干燥剂（硅胶）检查		硅胶无变色情况	
3	冷却系统检查		冷却系统的风扇运行正常，出风口和散热器无异物附着或严重积污	
4	接地装置检查		接地装置正常、完整	
5	声响及振动检查		无异常	
6	瓦斯保护巡检		无异常	
7	负荷测试	1)特别重要、重要变压器：1～3 个月 2)一般变压器：3～6 个月	1)最大负载不超过额定值 2)不平衡率及中性线电流：Yyn0 接线不平衡率不大于 15%，中性线电流不大于变压器额定电流的 25%；Dyn11 接线不平衡率不大于 25%，中性线电流不大于变压器额定电流的 40%	可采用用电信息采集系统等在线监测手段进行设备负荷监测

2. 配电变压器例行试验项目

配电变压器例行试验项目见表 5-7。

表 5-7 配电变压器例行试验项目

序号	例行试验项目	周期	要求	说明
1	红外测温	1）6 个月 2）必要时	变压器箱体、套管、引线接头及电缆等温升、温差无异常，具体按 DL/T 664—2016 的相关条款执行	判断时应考虑测量时负荷电流的变化情况；具备条件时开展
2	绕组及套管绝缘电阻测试	1）特别重要设备：6 年 2）重要设备：10 年 3）一般设备：必要时	初值差不小于−30%	采用 2500V 绝缘电阻表测量。绝缘电阻受油温的影响可按下式做近似修正： $R_2 = R_1 \times 1.5^{(t_1-t_2)/10}$ 式中：R_1、R_2 分别表示温度为 t_1、t_2 时的绝缘电阻

续表

序号	例行试验项目	周期	要求	说明
3	绕组直流电阻测试	1）特别重要设备：6年 2）重要设备：10年 3）一般设备：必要时	1）1.6MVA以上的变压器，各相绕组电阻相互间的差别不应大于三相平均值的2%；无中性点引出的绕组，线间差别不应大于三相平均值的1% 2）1.6MVA及以下的变压器，相间差别一般不大于三相平均值的4%；无中性点引出的绕组，线间差别一般不大于三相平均值的2%	1）测量结果换算到75℃，温度换算公式为： $R_2 = R_1 \times \left(\frac{T_k + t_2}{T_k + t_1}\right)$ 式中：R_1、R_2分别表示油温度为t_1、t_2时的电阻；T_k为常数，铜绕组T_k为235，铝绕组T_k为225 2）分接开关调整后开展
4	非电量保护装置绝缘电阻测试		绝缘电阻不低于1MΩ	采用2500V绝缘电阻表测量
5	绝缘油耐压测试		不小于25kV	不含全密封变压器
6	接地电阻测试	1）首次：投运后3年内 2）6年 3）必要时	1）容量小于100kVA时不大于10Ω 2）容量100kVA及以上时不大于4Ω 3）不大于初值的1.3倍	接地体改造或更换后，应进行接地电阻测试

3. 配电变压器诊断性试验项目

配电变压器诊断性试验项目见表5-8。

表5-8　配电变压器诊断性试验项目

序号	诊断性试验项目	要求	说明
1	绕组各分接位置电压比	初值差不超出−0.5%～+0.5%范围（额定分接位置）、−1.0%～+1.0%范围（其他分接）（警示值）	
2	空载电流及损耗测量	与上次测量结果比，不应有明显差异	1）试验电压值应尽可能接近额定电压 2）试验的电压和接线应与上次试验保持一致 3）空载损耗无明显变化
3	交流耐压试验	油浸式变压器采用30kV进行试验，干式变压器按出厂试验值的85%进行	按DL/T 596—2021的有关条款执行

四、电力电容器

1. 电容器巡检项目

电容器巡检项目见表5-9。

表 5-9 电容器巡检项目

序号	巡检项目	周期	要求	说明
1	外观检查	1）市区线路：1个月 2）郊区及农村线路：3个月	1）绝缘件无闪络、裂纹、破损和严重脏污 2）无渗油、漏油，外壳无膨胀、锈蚀 3）放电回路及各引线接线可靠 4）带电导体与各部的间距满足安全要求 5）熔丝正常 6）标识规范，电容器的命名、编号、警示标识等完好、正确、清晰	
2	控制机构状态检查		1）控制机构状态正常 2）合、分指示正确	
3	接地装置检查		接地装置完整、正常	接地体无明显锈蚀

2. 电容器例行试验项目

电容器例行试验项目见表 5-10。

表 5-10 电容器例行试验项目

序号	例行试验项目	周期	要求	说明
1	红外测温	1）6个月 2）必要时	温升、温差无异常，具体按 DL/T 664—2016 的相关条款执行	检测引线接头、电容器本体等；具备条件时开展
2	检查和维护	1)特别重要设备：6年 2）重要设备：10年 3）一般设备：必要时	1）就地进行两次操作，传动部件灵活 2）螺栓、螺母无松动，部件无磨损或腐蚀 3）支柱绝缘子表面和胶合面无破损、裂纹 4）触头等主要部件没有因电弧、机械负荷等作用出现破损或烧损 5）联锁装置功能正常 6）对操动机构机械轴承等部件进行润滑	停电检查电容器各控制机构和电气连接设备
3	绝缘电阻测试		20℃时高压并联电容器极对壳绝缘电阻不小于 2000MΩ，且与同类电容器相比无显著差异	采用 2500V 绝缘电阻表测量
4	电容量测量		初值差不超出−5%～+5%范围（警示值）	建议采用专用的电容表测量
5	接地电阻测试	1）首次：投送后3年内 2）6年 3）必要时	不大于 10Ω 且不大于初值的 1.3 倍	接地体改造或更换后，应进行接地电阻测试

五、柱上真空开关

1. 柱上真空开关巡检项目

柱上真空开关巡检项目见表5-11。

表5-11　柱上真空开关巡检项目

序号	巡检项目	周期	要求	说明
1	外观检查	1）市区线路：1个月 2）郊区及农村线路：3个月	1）外观无异常，高压引线连接正常，无松动、锈蚀、过热和烧损现象；瓷件无残损、无异物挂接 2）声音无异常 3）标识规范，开关的命名、编号、警示标识等完好、正确、清晰 4）套管外绝缘无污秽及放电痕迹 5）开关固定牢固，无下倾，支架无歪斜、松动。线间和对地距离符合规定	包括开关本体及互感器、闸刀等附件
2	操动机构状态检查		1）操动机构状态正常，储能位置指示正确、清晰 2）合、分指示正确	
3	接地装置检查		接地引下线连接正常，接地装置完整、正常	

2. 柱上真空开关例行试验项目

柱上真空开关例行试验项目见表5-12。

表5-12　柱上真空开关例行试验项目

序号	例行试验项目	周期	要求	说明
1	红外测温	1）6个月 2）必要时	引线接头、开关本体、互感器本体及闸刀触头温升、温差无异常，具体按DL/T 664—2016的相关条款执行	判断时，应考虑测量时及前3h负荷电流的变化情况；具备条件时开展
2	开关本体、闸刀及套管绝缘电阻	1）特别重要设备：6年 2）重要设备：10年 3）一般设备：必要时	20℃时绝缘电阻不低于300MΩ	1）一次采用2500V绝缘电阻表，二次采用1000V绝缘电阻表 2）A、B类检修后必须重新测量
3	电压互感器绝缘电阻		20℃时一次绝缘电阻不低于1000MΩ、二次绝缘电阻不低于10MΩ	

续表

序号	例行试验项目	周期	要求	说明
4	检查和维护	1）特别重要设备：6年 2）重要设备：10年 3）一般设备：必要时	1）就地进行两次操作，传动部件灵活 2）螺栓、螺母无松动，部件无磨损或腐蚀 3）支柱绝缘子表面和胶合面无破损、裂纹 4）触头等主要部件没有因电弧、机械负荷等作用出现的破损或烧损 5）联锁装置功能正常 6）对操动机构机械轴承等部件进行润滑 7）绝缘罩齐全、完好	
5	接地电阻测试	1）首次：投运后3年内 2）6年 3）必要时	不大于 10Ω 且不大于初值的1.3倍	接地体改造或更换后，应进行接地电阻测试

3. 柱上真空开关诊断性试验项目

柱上真空开关诊断性试验项目见表5-13。

表5-13　柱上真空开关诊断性试验项目

序号	诊断性试验项目	要求	说明
1	交流耐压试验	采用工频交流耐压，相间及相对地42kV；断口间的试验电压按产品技术条件的规定执行	A、B类检修后或检验主绝缘时进行
2	主回路电阻值测试	不大于初值的1.2倍（注意值）	测量电流不小于100A，在以下情况时进行测量： 1）红外热像发现异常 2）有此类家族缺陷，且该设备隐患尚未消除 3）上一年度测量结果呈现明显增长趋势，或自上次测量之后又进行了100次以上分、合闸操作 4）A、B类检修之后

六、柱上 SF_6 开关

1. 柱上 SF_6 开关巡检项目

柱上 SF_6 开关巡检项目见表5-14。

表 5-14 柱上 SF_6 开关巡检项目

<table>
<tr><th>序号</th><th>巡检项目</th><th>周期</th><th>要求</th><th>说明</th></tr>
<tr><td>1</td><td>外观检查</td><td rowspan="4">1）市区线路：1 个月
2）郊区及农村线路：3 个月</td><td>1）外观无异常，高压引线连接正常；瓷件无残损，套管外绝缘无污秽及放电痕迹，无异物挂接
2）声音无异常
3）标识规范，开关的命名、编号、警示标识等完好、正确、清晰
4）开关固定牢固，无下倾，支架无歪斜、松动，线间和对地距离满足规定</td><td>包括开关及电压互感器、闸刀附件</td></tr>
<tr><td>2</td><td>气体压力值检查</td><td>气压正常</td><td>有压力表时检查</td></tr>
<tr><td>3</td><td>操动机构状态检查</td><td>1）操动机构状态正常
2）合、分指示正确</td><td></td></tr>
<tr><td>4</td><td>接地装置检查</td><td>接地线连接正常，接地装置完整、正常</td><td></td></tr>
</table>

2. 柱上 SF_6 开关例行试验项目

柱上 SF_6 开关例行试验项目见表 5-15。

表 5-15 柱上 SF_6 开关例行试验项目

<table>
<tr><th>序号</th><th>例行试验项目</th><th>周期</th><th>要求</th><th>说明</th></tr>
<tr><td>1</td><td>红外测温</td><td>1）6 个月
2）必要时</td><td>引线接头、开关本体、互感器本体及闸刀触头温升、温差无异常，具体按 DL/T 664—2016 的相关条款执行</td><td>判断时，应考虑测量时及前 3h 电流的变化情况；具备条件时开展</td></tr>
<tr><td>2</td><td>开关本体、闸刀及套管绝缘电阻</td><td rowspan="3">1）特别重要设备：6 年
2）重要设备：10 年
3）一般设备：必要时</td><td>20℃时绝缘电阻不低于 300MΩ</td><td rowspan="2">1）一次采用 2500V 绝缘电阻表，二次采用 1000V 绝缘电阻表
2）A、B 类检修后必须重新测量</td></tr>
<tr><td>3</td><td>电压互感器绝缘电阻</td><td>20℃时一次绝缘电阻不低于 1000MΩ、二次绝缘电阻不低于 10MΩ</td></tr>
<tr><td>4</td><td>检查和维护</td><td>1）就地进行两次操作，传动部件灵活
2）螺栓、螺母无松动，部件无磨损、腐蚀
3）支柱绝缘子表面和胶合面无破损、裂纹
4）触头等主要部件没有因电弧、机械负荷等作用出现破损或烧损
5）联锁装置功能正常
6）对操动机构机械轴承等部件进行润滑</td><td></td></tr>
<tr><td>5</td><td>接地电阻测试</td><td>1）首次：投运后 3 年内
2）6 年
3）必要时</td><td>不大于 10Ω 且不大于初值的 1.3 倍</td><td>接地体改造或更换后，应进行接地电阻测试</td></tr>
</table>

3. 柱上 SF_6 开关诊断性试验项目

柱上 SF_6 开关诊断性试验项目见表 5-16。

表 5-16 柱上 SF_6 开关诊断性试验项目

序号	诊断性试验项目	要求	说明
1	交流耐压试验	采用工频交流耐压，相间及相对地与断口间的试验电压按出厂试验电压的 80%执行	A、B 类检修后或检验主绝缘时进行
2	气体密封测试	气体检漏仪检漏或使用其他方法检查无明显漏气	
3	回路电阻值测试	不大于初值的 1.2 倍（注意值）	测量电流不小于 100A，在以下情况时进行测量： 1）红外热像发现异常 2）有家族缺陷且该设备隐患尚未消除 3）上一年度测量结果呈现明显增长趋势，或自上次测量之后又进行了 100 次以上分、合闸操作 4）A、B 类检修后

七、柱上隔离开关

1. 柱上隔离开关巡检项目

柱上隔离开关巡检项目见表 5-17。

表 5-17 柱上隔离开关巡检项目

序号	巡检项目	周期	要求	说明
1	外观检查	1）市区线路：1 个月 2）郊区及农村线路：3 个月	1）无影响设备安全运行的异物 2）支撑绝缘子无破损、裂纹，无污秽及放电痕迹 3）触头、高压引线等无异常 4）标识规范，开关的命名、编号、警示标识等完好、正确、清晰 5）开关固定牢固，无下倾，支架无歪斜、松动。线间和对地距离符合规定	
2	接地装置检查		接地引下线连接正常，接地装置完整、正常	

2. 柱上隔离开关例行试验项目

柱上隔离开关例行试验项目见表 5-18。

表 5-18 柱上隔离开关例行试验项目

序号	例行试验项目	周期	要求	说明
1	红外测温	1）6 个月 2）必要时	开关触头、引线接头温升、温差无异常，具体按 DL/T 664—2016 的相关条款执行	分析判断时，应考虑测量时负荷电流的情况；具备条件时开展
2	绝缘电阻测试	1）特别重要设备：6 年 2）重要设备：10 年 3）一般设备：必要时	20℃时绝缘电阻不低于 300MΩ	一次采用 2500V 绝缘电阻表。A、B 类检修后必须重新测量
3	检查和维护		1）就地进行两次操作，传动部件灵活 2）螺栓、螺母无松动，部件无磨损、腐蚀 3）支柱绝缘子表面和胶合面无破损、裂纹。触头等主要部件没有因电弧、机械负荷等作用出现破损或烧损 4）联锁装置功能正常 5）对操动机构机械轴承等部件进行润滑	
4	接地电阻测试	1）首次：投运后 3 年内 2）6 年 3）必要时	不大于 10Ω 且不大于初值的 1.3 倍	接地体改造或更换后，应进行接地电阻测试

3. 柱上隔离开关诊断性试验项目

柱上隔离开关诊断性试验项目见表 5-19。

表 5-19 柱上隔离开关诊断性试验项目

诊断性试验项目	要求	说明
回路电阻值测试	不大于制造厂规定值（注意值）的 1.5 倍	测量电流不小于 100A，在以下情况时进行测量： 1）红外热像异常 2）有此类家族缺陷且该设备隐患尚未消除 3）上一年度测量结果呈现明显增长趋势，或自上次测量之后又进行了 100 次以上分、合闸操作 4）A、B 类检修之后

八、跌落式熔断器

1. 跌落式熔断器巡检项目

跌落式熔断器巡检项目见表 5-20。

表 5-20　跌落式熔断器巡检项目

巡检项目	周期	要求	说明
外观检查	1）市区线路：1 个月 2）郊区及农村线路：3 个月	外观无异常，高压引线连接正常	

2. 跌落式熔断器例行试验项目

跌落式熔断器例行试验项目见表 5-21。

表 5-21　跌落式熔断器例行试验项目

序号	例行试验项目	周期	要求	说明
1	红外测温	1）6 个月 2）必要时	温升、温差无异常，具体按 DL/T 664—2016 的相关条款执行	检测引线接头、开关触头等；具备条件时开展
2	绝缘电阻测试	1）特别重要设备：6 年 2）重要设备：10 年 3）一般设备：必要时	20℃时绝缘电阻不低于 300MΩ	采用 2500V 绝缘电阻表

九、金属氧化物避雷器

1. 金属氧化物避雷器巡检项目

金属氧化物避雷器巡检项目见表 5-22。

表 5-22　金属氧化物避雷器巡检项目

巡检项目	周期	要求	说明
外观检查	1）市区线路：1 个月 2）郊区及农村线路：3 个月	1）外表面无影响安全运行的异物，无污秽、破损、裂纹和电蚀痕迹 2）高压引线、接地线连接正常 3）绝缘护套无磨损、腐蚀	

2. 金属氧化物避雷器例行试验项目

金属氧化物避雷器例行试验项目见表 5-23。

表 5-23　金属氧化物避雷器例行试验项目

序号	例行试验项目	周期	要求	说明
1	红外测温	1）6 个月 2）必要时	温升、温差无异常，具体按 DL/T 664—2016 的相关条款执行	检查金属氧化物避雷器本体及电气连接部位无异常温升（注意与同等运行条件其他金属氧化物避雷器进行比较）；具备条件时开展

续表

序号	例行试验项目	周期	要求	说明
2	绝缘电阻测试	1）特别重要设备：6 年 2）重要设备：10 年 3）一般设备：必要时	20℃时绝缘电阻不低于1000MΩ	1）采用 2500V 绝缘电阻表 2）可采用轮换方式
3	直流参考电压（U_{1mA}）及 $0.75U_{1mA}$ 下泄漏电流的测量		1）U_{1mA} 初值差不超出 −5%～+5% 范围且不低于 GB/T 11032—2020 的规定值（注意值） 2）$0.75U_{1mA}$ 泄漏电流初值差不大于 30%或 $0.75U_{1mA}$ 泄漏电流不大于 50μA（注意值）	可采用轮换方式
4	接地电阻测试	1）首次：投运后 3 年内 2）6 年 3）必要时	不大于 10Ω 且不大于初值的 1.3 倍	接地体改造或更换后，应进行接地电阻测试

十、电缆线路

1. 电缆线路巡检项目

电缆线路巡检项目见表 5-24。

表 5-24 电缆线路巡检项目

序号	巡检项目	周期	要求	说明
1	通道检查	1 个月	1）盖板无缺损，设备标识、安全警示、线路标桩完整、清晰 2）电缆沟体上无违章建筑，无杂物堆积或酸碱性排泄物 3）电缆线路周围路面正常，无挖掘痕迹，无管线在建施工 4）电缆支架构件无弯曲、变形、锈蚀；螺栓无缺损松动，防火阻燃措施完善 5）电缆双重命名和相位标识正确、齐全，电缆上杆塔处保护管牢固、完整 6）水底电缆两边岸露出部分无变动，保护区范围内无水下作业或船只弃锚 7）电缆隧道结构本体无形变，支架、爬梯、接地等附属设施及其标识、标志完好，无坍塌、锈蚀等隐患 8）电缆隧道防水、通风、消防、排水、照明、动力及监控等设施措施完善，无漫水、火灾等隐患 9）电缆隧道出入口无通风不良、杂物堆积等隐患，孔洞封堵完好	
2	外观检查	3 个月	1）电缆终端外绝缘无破损和异物，无明显的放电痕迹，无异味和异常声响；电缆终端头和避雷器固定牢固，连接部位良好，无过热现象 2）电缆屏蔽层及外护套接地良好 3）中间头固定牢固，外观完好，无异常	

续表

序号	巡检项目	周期	要求	说明
2	外观检查	3 个月	4）引入室内的电缆入口封堵完好，电缆支架牢固、接地良好 5）电缆无机械损伤，排列整齐 6）电缆固定、弯曲半径、保护管安装等符合规定 7）标识标志（电缆标志牌、相位标识、路径标志牌、标桩等）齐全，设置符合规范	
3	电缆工作井检查		1）工作井内无积水、杂物；井盖完好，无破损；防盗措施完好 2）防火阻燃措施完善 3）管控封堵措施完好 4）工作井内电缆双重命名铭牌清晰、齐全 5）井体、基础、盖板无塌陷、渗漏或墙体脱落等缺陷	

2. 电缆线路例行试验项目

电缆线路例行试验项目见表 5-25。

表 5-25　电缆线路例行试验项目

序号	例行试验项目	周期	要求	说明
1	红外测温	1）6 个月 2）必要时	电缆终端头及中间接头无异常温升，同部位相间无明显温差，具体按 DL/T 664—2016 的相关条款执行	具备条件时开展
2	电缆主绝缘绝缘电阻	1）特别重要电缆：6 年 2）重要电缆：10 年 3）一般电缆：必要时	与初值比没有显著差别	采用 2500V 或 5000V 绝缘电阻表
3	电缆外护套、内衬层绝缘电阻测试		每千米绝缘电阻值不应低于 0.5MΩ	采用 500V 绝缘电阻表
4	交流耐压试验	新做电缆终端头、中间接头后和必要时	1）试验频率：30～300Hz 2）试验电压：$2U_0$（U_0 为电缆对地的额定电压） 3）加压时间：5min 4）耐压前后绝缘电阻无明显变化	1）推荐使用 45～65Hz 试验频率 2）耐压前后测量绝缘电阻
5	接地电阻测试	1）首次：投运后 3 年内 2）6 年 3）必要时	不大于 10Ω 且不大于初值的 1.3 倍	接地体改造或更换后，应进行接地电阻测试

3. 电缆线路诊断性试验项目

电缆线路诊断性试验项目见表 5-26。

表 5-26　电缆线路诊断性试验项目

序号	诊断性试验项目	要求	说明
1	相位检查	与电网相位一致	
2	铜屏蔽层电阻和导体电阻比	重做终端或接头后，用双臂电桥测量在相同温度下的铜屏蔽层和导体的直流电阻，电阻比值无明显变化	较投运前的电阻比增大时，表明铜屏蔽层的直流电阻增大，有可能被腐蚀；电阻比减小时，表明附件中导体连接点的电阻有可能增大
3	局部放电检测	无异常放电	采用电缆振荡波局部放电检测系统（OWTS）等先进检测技术

十一、电缆分支箱

1. 电缆分支箱巡检项目

电缆分支箱巡检项目见表 5-27。

表 5-27　电缆分支箱巡检项目

序号	巡检项目	周期	要求	说明
1	外观检查	1 个季度	1）外观无异常，高压引线连接正常，绝缘件无残损、移位 2）声音无异常 3）试温蜡片无脱落或测温片无变色 4）标识规范，电缆分支箱的命名、编号、警示标识等完好、正确、清晰 5）故障指示器等设备完好	
2	接地装置检查		接地装置完好	

2. 电缆分支箱例行试验项目

电缆分支箱例行试验项目见表 5-28。

表 5-28　电缆分支箱例行试验项目

序号	例行试验项目	周期	要求	说明
1	红外测温	1）6 个月 2）必要时	温升、温差无异常，具体按 DL/T 664—2016 的相关条款执行	具备条件时开展
2	超声波局部放电测试和暂态地电压测试	1）特别重要设备：6 个月 2）重要设备：1 年 3）一般设备：2 年	无异常放电	采用超声波、地电波局部放电检测等先进技术进行

续表

序号	例行试验项目	周期	要求	说明
3	绝缘电阻测量	1）特别重要设备：6年 2）重要设备：10年 3）一般设备：必要时	应符合制造厂规定	
4	交流耐压试验		要求与主送电缆一致	与主送电缆同时试验
5	接地电阻测试	1）首次：投运后3年内 2）6年 3）必要时	不大于10Ω且不大于初值的1.3倍	接地体改造或更换后，应进行接地电阻测试

十二、构筑物及外壳

1. 构筑物及外壳巡检项目

构筑物及外壳巡检项目见表5-29。

表5-29　构筑物及外壳巡检项目

序号	巡检项目	周期	要求	说明
1	外观检查	3个月	1）屋顶、外体、门窗、楼梯、护栏和防小动物措施外观无破损、无堆积物等异常情况 2）标识规范，构筑物及外壳命名、编号、警示标识等完好、正确、清晰 3）建筑物的门、窗、网无损坏，屋顶无漏水、积水，沿沟无堵塞 4）户外环网柜、箱式变电站等设备的箱体无锈蚀、变形，高低压开关柜出线孔洞封堵良好 5）建筑物、户外箱体的门锁完好 6）室内外清洁，无可能威胁安全运行的杂草、藤蔓类植物生长 7）室内温度正常，无异声、异味	
2	基础检查		1）房屋、设备基础无下沉、开裂 2）井盖无丢失、破损，井内无积水、杂物，基础无破损、沉降；进出管沟封堵良好，防小动物设施完好	
3	接地装置检查		接地装置完整、正常	
4	通道检查		通道的路面正常，通道内无违章建筑及堆积物，大门口畅通，确保检修车辆通行	
5	辅助设施		通风、灭火器、照明、常用工器具等辅助设备完好齐备、摆放整齐，除湿、通风、排水设施完好无异常	

2. 构筑物及外壳例行试验项目

构筑物及外壳例行试验项目见表5-30。

表5-30　构筑物及外壳例行试验项目

例行试验项目	周期	要求	说明
接地电阻测试	按主设备接地电阻测试周期要求执行	不大于4Ω且不大于初值的1.3倍	接地体改造或更换后，应进行接地电阻测试

第六章　配电室标准化管理图例及设备故障图例

第一节　配电室标准化管理图例

一、自备应急电源管理

（1）使用柴、汽油发动机作为自备应急电源的用户，应定期对柴、汽油发动机进行安全检查、预防性试验、启机试验和切换装置的切换试验，并做好记录，如图 6-1、图 6-2 所示。

（2）不应自行变更自备发动机接线方式。

（3）应有可靠的电气或机械闭锁装置，防止反送电，不应自行拆除闭锁装置或者使其功能失效。

（4）不应擅自将自备应急电源引入、转供其他用户。

图 6-1　自备应急柴油发电机组

________柴油发电机保养记录表

物业点：_____　　　　　　　　　　　　　　　　　　保养日期：　年　月　日

发电机品牌：　　　　　发电机出厂编号：　　　　　发电机安装位置：

保养项目	保养结果		保养项目		保养结果
1.柴油油箱油位（L）		空载运行检查	1.发电运行时间（s）	启动	
2.空气滤清器清洁更换（是/否）				停机	
3.水、机油、柴油滤清器芯更换（是/否）			2.操作方式	手动	
				自动	
4.机油、柴油油路，水路检查是否正常			3.运行电流（A）		
5.控制箱电路、电气元件检查是否正常			4.运行电压（V）		
6.通风、排烟系统检查是否正常			5.水温（℃）		
7.机身外各部件检查是否紧固			6.油温（℃）		
8.蓄电池充电电路检查是否正常			7.油压（kPa）		
9.蓄电池电池液是否足够			8.输出电压（V）		
10.蓄电池电压（V）			9.是否有渗漏		
11.机油更换（是/否）			10.是否有异味		
12.机身、地面、墙面清洁			11.运转声音是否正常		

处理记录：

保养人签字：__________　　　年　月　日

说明：1.标有单位的项目请填写实时数据。
2.其他项目正常的填写正常，不正常的请简要说明情况。
3.每月保养试运行2次。

图 6-2　柴油发电机保养记录表

（5）保安负荷允许断电时间为毫秒级的，应选用满足相应技术条件的静态储能不间断电源或动态储能不间断电源，并采用在线运行方式。

（6）使用不间断电源设备作为自备应急电源的用户，其安全管理遵照 GB 7260.1—2008 和 GB 7260.4—2008 的要求执行，如图 6-3 所示。

图 6-3　不间断电源设备

（7）客户产权范围内配电设备的应急管理应编制有应急预案，预案应流程清晰、安全可靠、操作性强，并定期开展紧急情况下的事故演练，总结经验、不断完善。客户侧事故应急演练现场如图 6-4 所示。

图 6-4　客户侧事故应急演练现场

（8）配电室应使用合格安全工器具及消防器材，并实行定置化管理。安全工器具及消防器材正确摆放如图 6-5 所示。

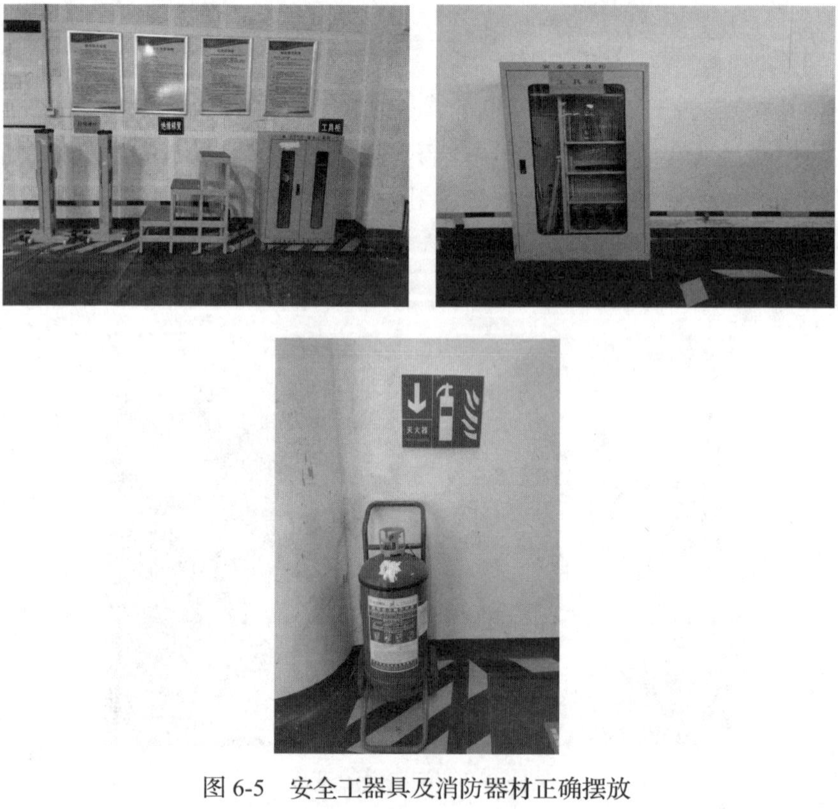

图 6-5　安全工器具及消防器材正确摆放

二、配电室应急预案及流程图

配电室是供电系统的总控中心，负责安全供电和电源的控制工作。为确保用电畅通、安全，应制订应急预案，应急处置流程图如图 6-6 所示。

1. 组织机构

职务	姓名	内部电话	联系电话
设备主管			
一班班长			
一班值班员			
二班班长			
二班值班员			
三班班长			
三班值班员			

2. 应急措施

（1）配电室采用双电源供电，实行双人 24 小时值班制，值班人员及设备主管联系电话必须畅通，并负责掌握全天的安全用电运行情况。

（2）一旦出现电源断电或接到上级主管部门停电通知后，根据要求，并按照公司"倒闸操作规程"及"操作票管理制度"的要求进行安全的倒闸操作，倒闸操作前应通知甲方主管领导，以便及时通知相关部门。

3. 应急流程图

（1）接到停电通知

查明停电范围，值班人员检查配电室高低压设备运行是否正常 ▶ 设备主管通知甲方主管领导，由甲方领导协调物业客服服务工作 ▶ 维修完毕再次检查后确认可以正常送电

（2）突然停电处置方案

设备主管通知甲方主管领导，由甲方领导协调物业客服服务工作 ▶ 值班人员做好倒闸操作准备 ▶ 经设备主管通知后方可进行倒闸操作

图 6-6 应急处置流程图

三、设备运行维护管理

1. 变压器检查

变压器温度及运行声音应正常，套管无破损、脏污，连接点无发热、放电现象，接地装置应连接可靠。变压器外形图如图 6-7 所示。

2. 断路器检查

断路器分、合闸指示位置与实际运行状态应一致，储能状态应正常，操动机构的标识牌正确，控制回路电源、分合闸电源及熔断器应无异常。断路器外形图

如图 6-8 所示。

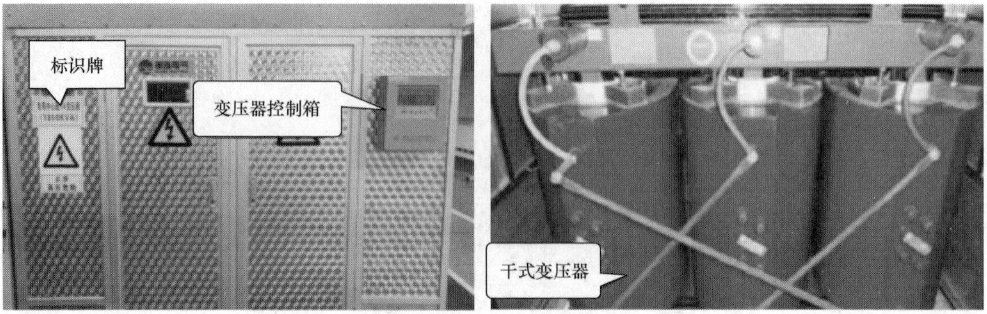

图 6-7　变压器外形

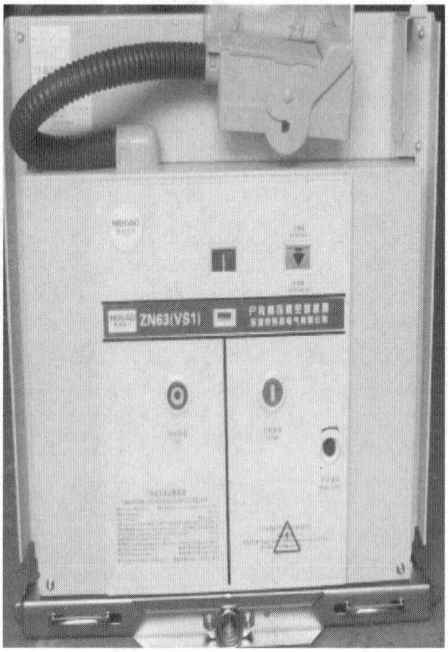

图 6-8　断路器外形

3. 高压配电柜检查

重点检查配电室的进线柜是否有接地开关，若有，应采取有效防护措施。运行指示灯与开关位置应一致，高压柜“五防”应完好，高压柜带电指示仪应显示正常，柜体观察窗应加装防爆金属网，柜体应有防爆泄压通道。高压配电柜外形图如图 6-9 所示。

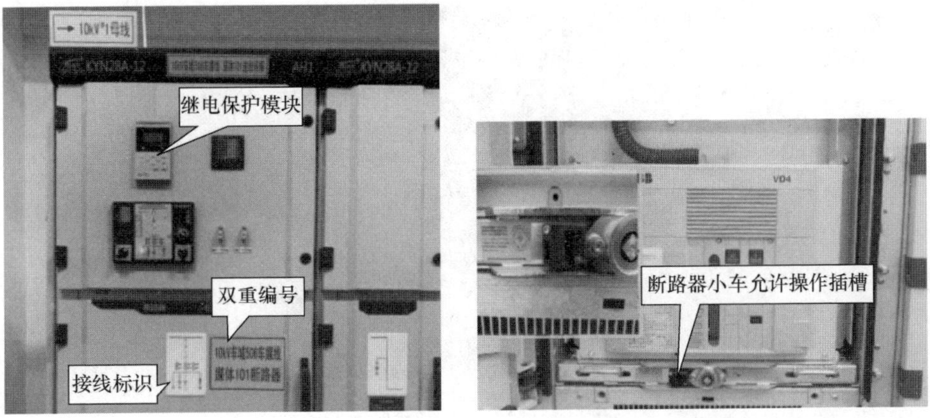

图 6-9　高压配电柜外形

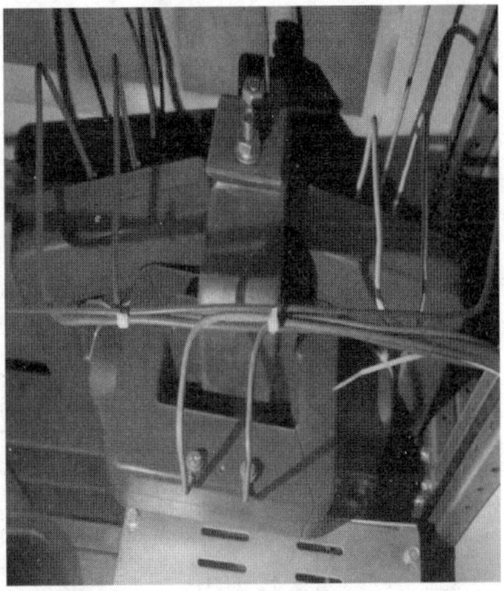

图 6-10　互感器外形

4. 互感器检查

互感器应无脏污、裂纹、破损及放电痕迹，无不正常的异声和放电声，无焦臭味。互感器外形图如图 6-10 所示。

5. 低压配电柜检查

低压配电柜上所有标识、操作把手、按钮、按键位置应与实际情况相符并牢固。柜体仪表或表盘玻璃牢靠，电压、电流指示正常。低压柜上的合断信号指示及其他信号指示正确显示。柜体外观正常，无明显缺陷或过热、放电现象。设备应有双重编号，进出线电缆应挂标识牌及封堵。低压配电柜外形如图 6-11 所示。

图 6-11　低压配电柜外形（一）

图 6-11　低压配电柜外形（二）

四、配电室标准化管理

（1）电气运维人员应取得应急管理局颁发的电工作业证，且熟悉设备操作流程及规范，具备相应的电气运维和操作能力。

（2）值班人员应掌握与其工种、岗位有关的电气设备的性能及操作方法，熟悉各种消防设备的性能、布置、适用范围和使用方法，熟悉应急预案内容和处置流程，掌握触电急救和心肺复苏方法。

（3）配电室防误入、防小动物、防水、防火及通风措施应齐全，如图 6-12 所示。

图 6-12　配电室门

（4）一次设备接线图应与现场一致且追溯到重要负荷，配电室一次接线图如图 6-13 所示。

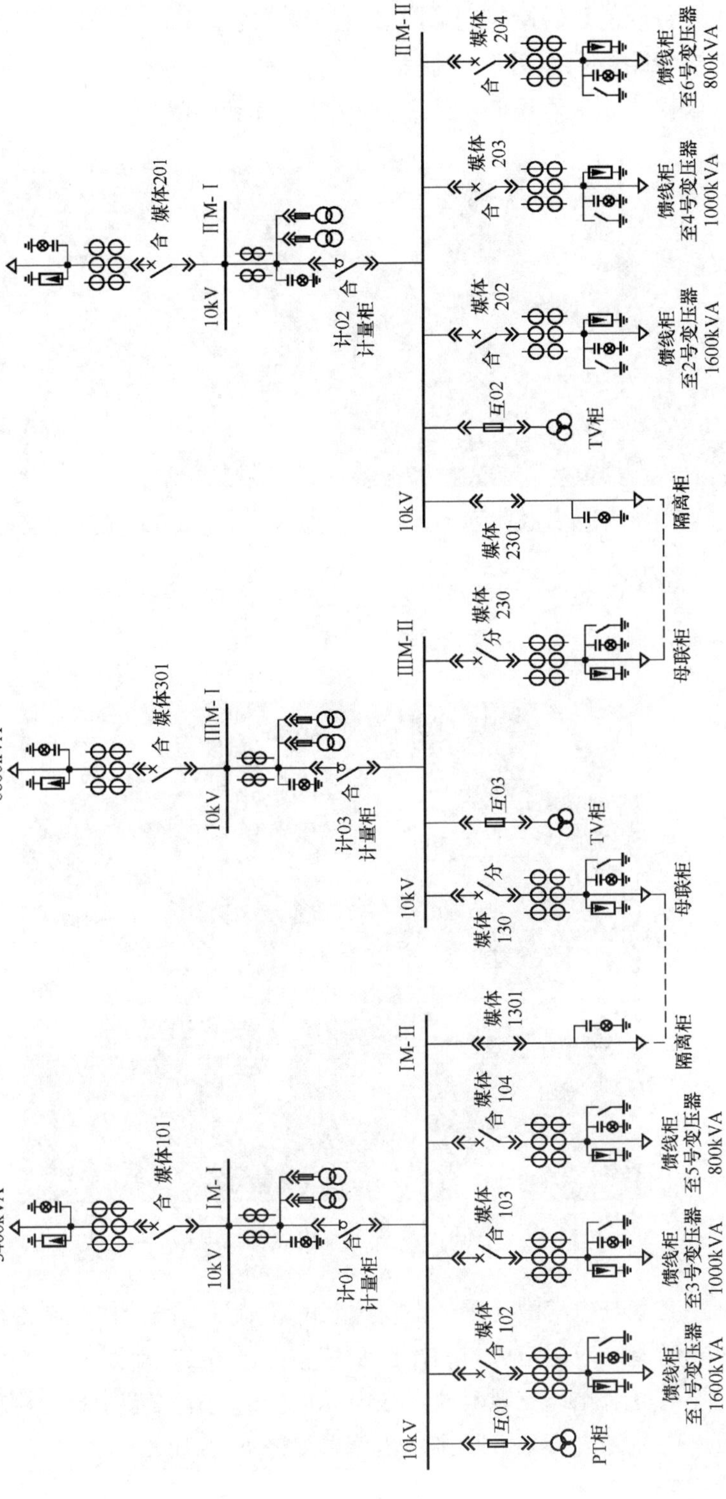

图 6-13　配电室一次接线图

（5）设备柜前、后检修通道应敷设绝缘胶垫、有巡检线路标识。配电室内检修通道巡检线路标识如图 6-14 所示。

（6）配电室相关管理制度应张贴于墙，如图 6-15 所示。

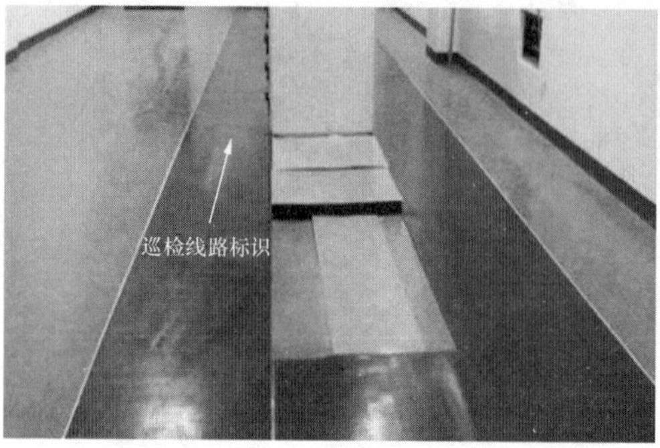

图 6-14　配电室内检修通道巡检线路标识

图 6-15　配电室管理制度

（7）配电室内照明配电箱接线应走线规范，应有专门的零线接线柱或接线铜牌，如图 6-16 所示。

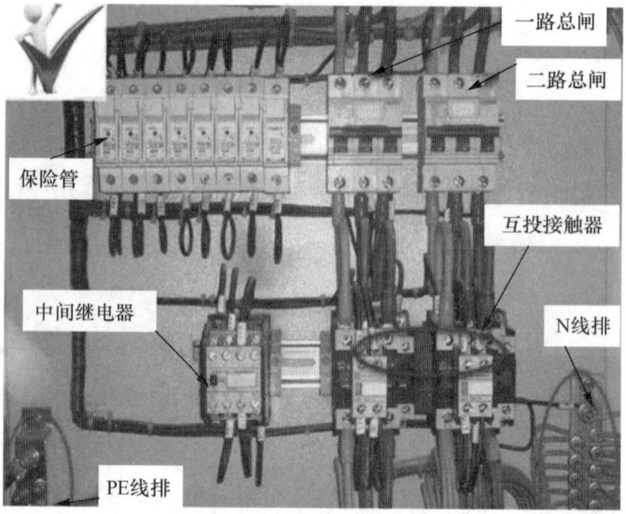

图 6-16　配电室内照明配电箱

（8）配电室电缆沟槽孔洞、电缆桥架的穿墙处、高低压配电柜进出线处以及配电室对外通道处应用防火材料严密封堵，如图 6-17 所示。

（9）配电室内电缆应规范放置在电缆沟内的电缆支架上，分层放置，并加设防护盖板，电缆沟内应采取防排水措施，如图 6-18 所示。

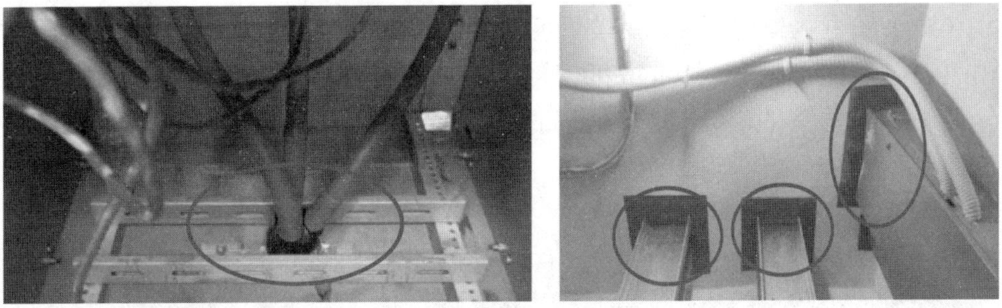

图 6-17 配电室进出线通道

图 6-18 配电室电缆桥架

（10）高压柜内应安装除湿装置，柜外应加装风机，降低柜内相对湿度，抑制凝露现象发生，如图 6-19 所示。

图 6-19 高压柜除湿装置

（11）配电室与室外相通的沟、孔、洞应设置防老鼠、蛇等小动物进入的防护措施（如采用 10mm × 10mm 细密菱形金属网），如图 6-20 所示。

（12）配电室的出入口应设置高度不低于 500mm 的挡鼠板，如图 6-21 所示。

图 6-20　细密菱形金属网

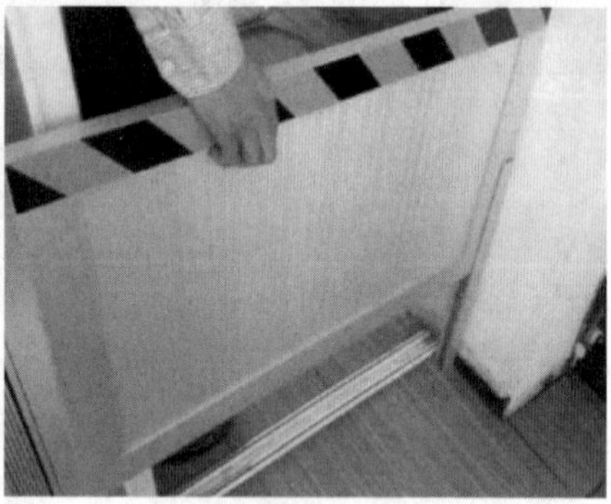
图 6-21　挡鼠板

（13）配电室的门应采用防火门，并向外开启，如图 6-22 所示。

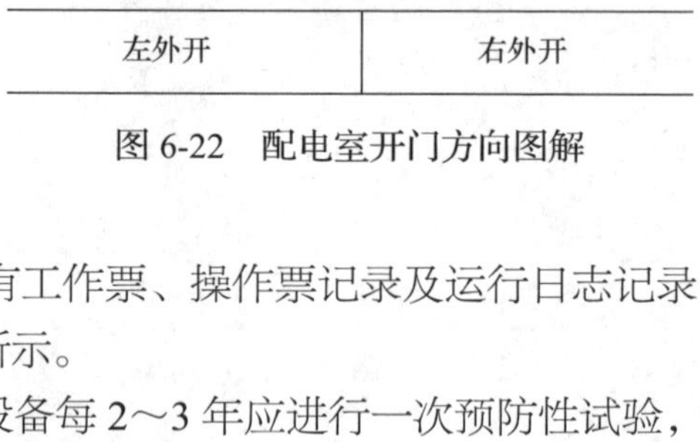

图 6-22　配电室开门方向图解

（14）配电室应有工作票、操作票记录及运行日志记录，设备缺陷、检修处理记录，如图 6-23 所示。

（15）建议电气设备每 2～3 年应进行一次预防性试验，试验报告应存放在规定的位置，如图 6-24 所示。

（16）安全工器具应按规定位置、编号存放，安全工器具试验应符合要求，消防工器具数量应满足要求并定期检查，如图 6-25 所示。

配电房巡视记录表

配电房编号：　　　巡查人：　　　日期：　　　时间：

	项目		是否正常	故障处理	代办事宜
配电设施	变压器温度	A相			
		B相			
		C相			
	低压配电柜	电流A相			
		电流B相			
		电流C相			
		电压			
		功率因素			
	电容柜运行情况				
	低压负荷运行情况				
	信号直流屏运行情况				
	仪表信号指示情况				
	配电柜门是否完整				
	电气有无异常声响				
室内环境	屋面有无漏水				
	室内照明情况				
	室内通风设施				
	安全工具是否齐备				
	室内卫生情况如何				
	消防器械是否齐备				
	门窗是否完好				
其他					
备注					

说明：1. 巡视人必须认真检查，详实填写检查结果。

2. 如无异常或者正常，表格内打√，如有异常或者不正常打×。

3. 需填写数字的必须填写数字。

______高压配电室运行日志　　2020年11月11日天气晴

项目	时间	电压（kV）			电流	项目	时间	电压（kV）			电流	三相绕组温度（° C）			备注
		U_{AB}	U_{BC}	U_{CA}	（A）			UAB	UBC	UCA	（A）				
10kV IWB进线（主供）	08时00分	10.3	10.3	10.3	32	10kV IIWB进线（主供）	08时00分	10.3	10.3	10.3		1号变压器	A相	48	交班人员（签名）×××××××
	10时00分	10.2	10.2	10.2	34		10时00分	10.2	10.2	10.2					
	12时00分	10.0	10.0	10.0	42		12时00分	10.0	10.0	10.0			B相	50	
	14时00分	10.2	10.2	10.2	34		14时00分	10.2	10.2	10.2					
	16时00分	10.0	10.0	10.0	42		16时00分	10.0	10.0	10.0			C相	48	
	18时00分	10.3	10.3	10.3	32		18时00分	10.3	10.3	10.3					
H3出线（1号变压器）	08时00分	10.3	10.3	10.3	16	H3出线（2号变）	08时00分	10.3	10.3	10.3	16	2号变压器	A相	48	接班人员（签名）
	10时00分	10.2	10.2	10.2	17		10时00分	10.2	10.2	10.2	17				
	12时00分	10.0	10.0	10.0	21		12时00分	10.0	10.0	10.0	21		B相	50	
	14时00分	10.2	10.2	10.2	17		14时00分	10.2	10.2	10.2	17				
	16时00分	10.0	10.0	10.0	21		16时00分	10.0	10.0	10.0	21		C相	48	
	18时00分	10.3	10.3	10.3	16		18时00分	10.3	10.3	10.3	16				

低压电容	电压（V）	电流（A）	功率因数	室温	降温风扇	1号、2号变压器外壳接地	交接班时设备检查情况	有功电度表读数	无功电度表读数
	382	80	0.92	30° C	降温风扇未启动	经检查1号、2号变压器外壳接地良好	经检查一切良好	16010 kWh	6404 var·h
中央音响信号	此项在交接班时共同完成		试验	经试验正常	消音	经试验检查正常	工具仪表检查和借用情况	失压断流表计时仪显示情况	
直流系统	电源电压（V）	充电电压（V）	充电电流（A）	正极对地电压（V）	负极对地电压（V）	经检查正常，工具无借用		没有失压断流显示	
	110	114	0.12	57	57				

蜂鸣声①变压器超高温②变压器重瓦斯③速断保护④变压器过流
电铃声①变压器高温②变压器轻瓦斯③过负荷④零序保护

图 6-23　配电室巡视记录、运行日志

10kV 高压开关柜试验报告

工程名称			产品型号	
安装位置			出厂编号	
电压			电流	
生产厂家			出厂日期	
温度			湿度	
试验日期：　　年　　月　　日　　报告日期：　　年　　月　　日				
测试依据：				
一、回路电阻　单位：μΩ		回路电阻测试仪　型号：		
相别	A	B	C	
主回路				
二、绝缘耐压试验　时间：　s		干式试验变压器　型号：		
相别	A-B、C	B-A、C	C-A、B	
断路器主回路相间				
断路器断口之间				
三、绝缘电阻　单位：MΩ		数字式绝缘电阻表　型号：3125		
相别	A	B	C	
耐压前				
耐压后				
结论				

图 6-24　电气设备试验报告

图 6-25　配电室安全工具柜

（17）备品、备件应齐全、充足且定期检查更换，如图 6-26 所示。

（18）建议定期开展红外测温、超声波检测，消除潜在用电隐患，如图 6-27 所示。

图 6-26　运维人员检查备品备件

图 6-27　运维人员开展现场测温

第二节　配电室设备故障图例

一、高压柜常见故障及处理

1. 故障现象：高压柜合不上闸

高压柜合不上闸，高压熔断器撞击针顶起，导致断路器脱扣，不能合闸，如图 6-28 所示。

故障处理：更换熔芯。

2. 故障现象：高压柜跳闸后，综保显示故障

高压柜跳闸后，综保显示故障；断路器通常在运行中跳闸，如图 6-29 所示。

故障处理：先复位，再核对保护定值与容量是否匹配。

图 6-28　高压熔断器故障

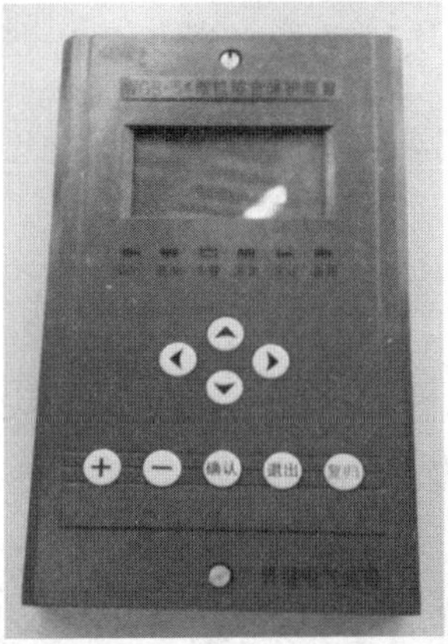

图 6-29　高压柜综合保护装置故障

3. 故障现象：断路器不能摇到工作位置

断路器不能摇到工作位置，导致断路器无法正常工作，如图 6-30 所示。

故障处理：

（1）主要是开关处于合闸状态，将断路器分闸，再摇进入工作位置。

（2）或者接地开关未分，将接地开关分开。

（3）隔离手车联锁板未插入孔洞，应插入孔洞。

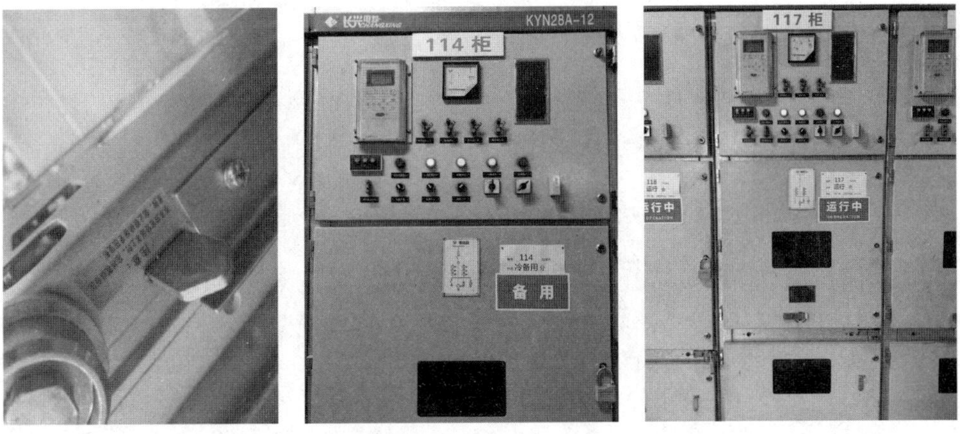

图 6-30　断路器故障

4. 故障现象：合闸线圈烧坏

合闸线圈烧坏，导致故障，如图 6-31 所示。

故障处理：更换合闸线圈。

5. 故障现象：高压开关柜内储能电动机未正常工作

高压开关柜内储能电动机未正常工作，导致合闸程序无法正常进行，如图 6-32 所示。

故障处理：正负极性接反，应更改极性。

图 6-31 合闸线圈故障

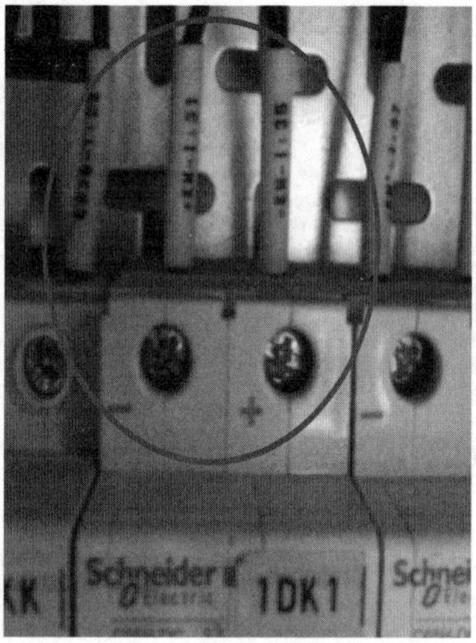

图 6-32 高压柜电动机接线故障

6. 故障现象：断路器不能合闸

断路器不能合闸，使其不能正常运行，如图 6-33 所示。

故障处理：闭锁线圈未通电，不吸合。将闭锁线圈通上电，使其吸合。

7. 故障现象：送电时有放电响声

送电时有放电响声，说明有元器件接触不良，如图 6-34 所示。

故障处理：高压传感器线未紧，螺栓掉了，将螺栓紧固。

8. 故障现象：KYN28 型高压柜内真空断路器绝缘击穿本体发生爆炸

KYN28 型高压柜内真空断路器绝缘击穿本体发生爆炸，失去带负荷功能，如图 6-35 所示。

图 6-33　断路器合闸失败故障

图 6-34　高压传感器故障

故障处理：更换 KYN28 型高压柜内真空断路器及相关设备，试验合格后方可投运。

9. 故障现象：高压柜内避雷器绝缘击穿

高压柜内避雷器绝缘击穿，发生短路，导致开关跳闸，如图 6-36 所示。

故障处理：更换避雷器，并对柜体进行试验，试验合格后方可投运。

图 6-35　真空断路器故障

图 6-36　避雷器故障

10. 故障现象：高压计量柜中电压互感器保险管击穿

高压计量柜中电压互感器保险管击穿，导致计量装置不能正常计量，如图 6-37 所示。

故障处理：更换电压互感器保险管，并对柜体进行试验，试验合格后方可投运。

图 6-37　电压互感器保险管故障

11. 故障现象：高压计量柜中电压互感器绝缘击穿发生爆炸

高压计量柜中电压互感器绝缘击穿发生爆炸，导致计量装置不能正常计量，如图 6-38 所示。

故障处理：更换电压互感器，并对柜体进行试验，试验合格后方可投运。

12. 故障现象：母线或馈出回路发生三相短路故障

母线或馈出回路发生三相短路故障，造成负荷损失，用电设备不能正常使用，如图 6-39 所示。

故障处理：首先找出故障点，退出故障设备保障非故障设备正常运行，然后进行故障设备处理。

图 6-38　电压互感器绝缘故障

图 6-39　三相短路故障

13. 故障现象：馈出回路发生相间短路故障

馈出回路发生相间短路故障，造成馈出回路所有负载不能正常用电，如图 6-40 所示。

故障处理：首先找出故障点，退出故障设备保障非故障设备正常运行，然后进行故障设备处理。

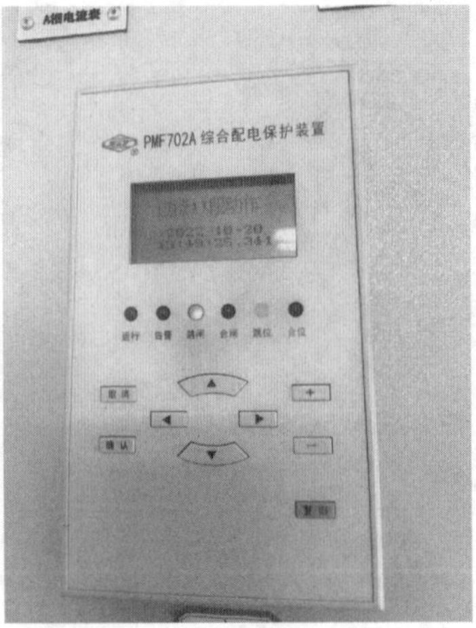

图 6-40　相间短路故障

二、高压电缆常见故障及处理

1. 故障现象：电缆对接头绝缘击穿发生短路

电缆对接头绝缘击穿发生短路，导致线路供电中断，如图 6-41 所示。
故障处理：更换受损电缆对电缆重新做对接头并做试验，试验合格后方可投运。

图 6-41　电缆对接头绝缘短路故障

2. 故障现象：电缆遭遇外力破坏绝缘击穿发生短路

电缆遭遇外力破坏绝缘击穿发生短路，导致线路供电中断，如图 6-42 所示。

故障处理：修复受损电缆对电缆做对接头并做试验，试验合格后方可投运。

图 6-42　电缆外破故障

3. 故障现象：电缆绝缘击穿发生相间短路

电缆绝缘击穿发生相间短路，导致线路供电中断，如图 6-43 所示。

故障处理：更换受损电缆并做试验，试验合格后方可投运。

图 6-43　电缆绝缘击穿短路故障

4. 故障现象：高压柜内电缆插拔头绝缘性能下降放电击穿

高压柜内电缆插拔头绝缘性能下降放电击穿，导致开关跳闸供电中断，如图 6-44 所示。

故障处理：对电缆重新做电缆插拔头并做试验，试验合格后方可投运。

5. 故障现象：箱式变压器柜内电缆本体绝缘性能下降，发生放电击穿

箱式变压器柜内电缆本体绝缘性能下降，发生放电击穿，导致供电中断，设

备停运，如图 6-45 所示。

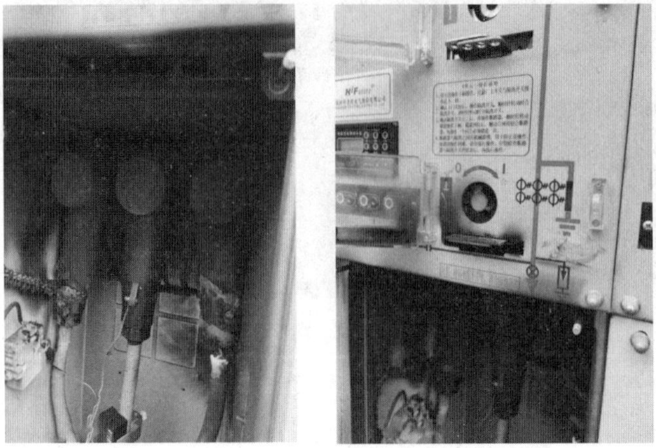

图 6-44 电缆插拔头绝缘故障

图 6-45 电缆绝缘击穿故障

故障处理：对电缆本体重新做试验，试验合格后方可投运；应加强设备绝缘监督工作。

三、电力变压器常见故障及处理

1. 故障现象：油浸式变压器漏油

油浸式变压器漏，油枕油位已低于下限值，变压器缺油，呼吸器内硅胶已变色，如图 6-46 所示。

故障处理：对变压器进行加油并做试验，更换呼吸器的硅胶，试验合格后方可投运。

2. 故障现象，干式变压器本体绝缘击穿

干式变压器本体绝缘击穿，发生短路故障，如图 6-47 所示。

故障处理：更换变压器并进行试验，试验合格后方可投运。

3. 故障现象：干式变压器室、低压室内有小动物进入

干式变压器室、低压室内有小动物进入，导致短路放电，如图 6-48 所示。

故障处理：解决变压器室、低压室的封堵问题，同时对干式变压器、低压室进行试验，试验合格后方可投运。

图 6-46　变压器缺油故障

图 6-47　变压器绝缘击穿故障

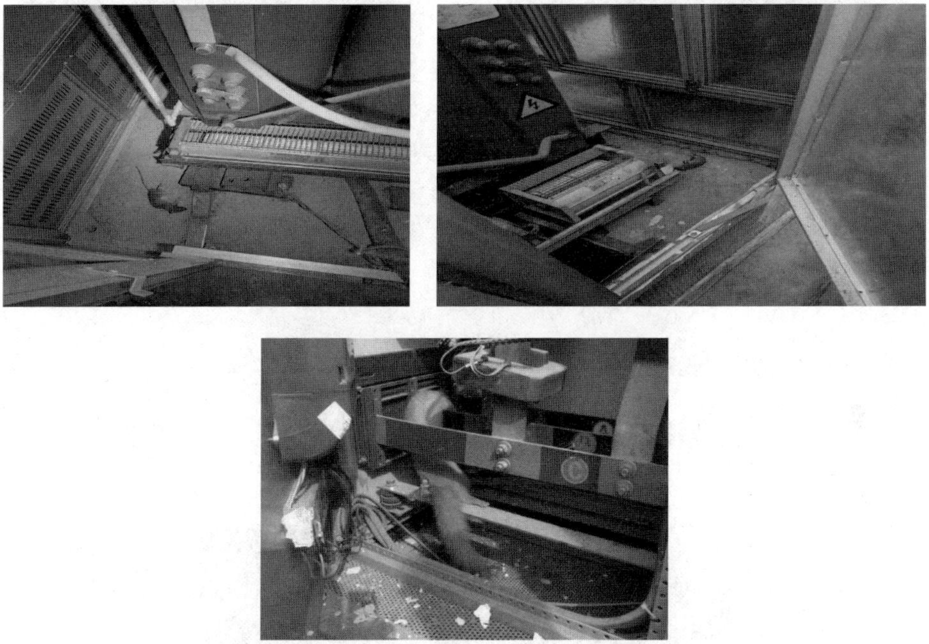

图 6-48　变压器室内有小动物进入短路故障

四、低压配电柜常见故障及处理

1. 故障现象：低压开关柜内断路器绝缘击穿

低压开关柜内断路器绝缘击穿，本体烧融，如图 6-49 所示。

故障处理：更换低压开关柜并进行试验，试验合格后方可投运。

2. 故障现象：低压开关柜内设备绝缘击穿

低压开关柜内设备绝缘击穿，发生相间短路，如图 6-50 所示。
故障处理：更换低压开关柜并进行试验，试验合格后方可投运。

图 6-49 低压开关柜断路器绝缘故障

图 6-50 低压开关柜相间短路故障

3. 故障现象：低压开关柜内金属接触头接触不良

低压开关柜内金属接触头接触不良，随着负载增大，导致发生相间短路，如图 6-51 所示。

图 6-51 低压开关柜接触不良故障

故障处理：重新调整负荷更换金属接触头并进行试验，试验合格后方可投运。

4. 故障现象：电容柜无法正常显示工作状态

电容柜无法正常显示工作状态，导致无功补偿装置不能正常运行，如图 6-52 所示。

故障处理：电容柜取样线，端子排接错，更正接线。

5. 故障现象：低压柜断路器不能正常合闸

低压柜断路器不能正常合闸，馈出负载不能正常用电，如图 6-53 所示。

故障处理：

（1）储能电动机处于弹簧未储能状态；

（2）合闸线圈烧毁，需要更换线圈；

（3）控制回路二次熔丝熔断，需更换熔丝。

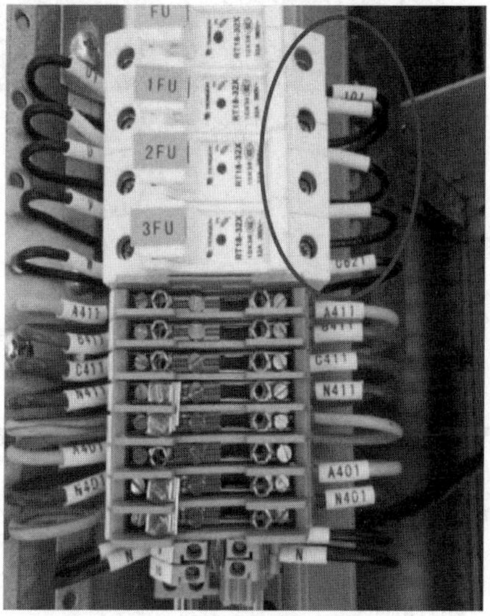

图 6-52　电容柜故障

图 6-53　低压柜断路器合闸故障

6. 故障现象：故障指示灯亮，断路器本体红色复位按钮弹出

故障指示灯亮，断路器本体红色复位按钮弹出，说明馈出回路有故障，如图 6-54 所示。

故障处理：需排除故障，重新复位。

7. 故障现象：断路器定值未整定，导致跳闸

正常运行时，断路器定值未整定，经常跳闸，如图 6-55 所示。

故障处理：需重新整定额定电流。

图 6-54 低压柜断路器复位故障

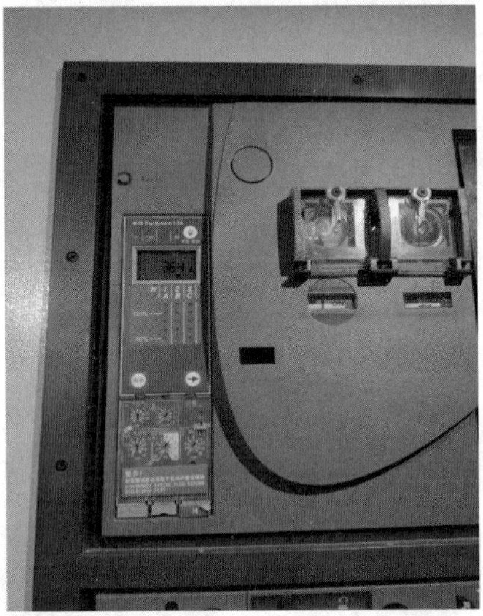

图 6-55 断路器定值未整定故障

8. 故障现象：断路器未完全摇到工作位置

断路器未完全摇到工作位置，无法合闸，如图 6-56 所示。

故障处理：将断路器摇到工作位置，断路器工作位置指示灯亮再合闸。

9. 故障现象：失压脱扣器烧坏或二次电源未接通，导致断路器无法合闸

失压脱扣器烧坏，断路器处于脱扣状态，或二次电源未接通，导致断路器无法合闸，如图 6-57 所示。

故障处理：更换失压脱扣器或接通二次电源。

五、漏电保护装置常见故障及处理

故障现象：施耐德 T60 保护装置出现报警故障。

施耐德 T60 保护装置出现报警故障，C 相电流与 A、B 两相严重不平衡。C 相漏电严重，零相互感器所测量的值与保护装置内部通过三相电流自产值比差造成断路器跳闸，如图 6-58 所示。

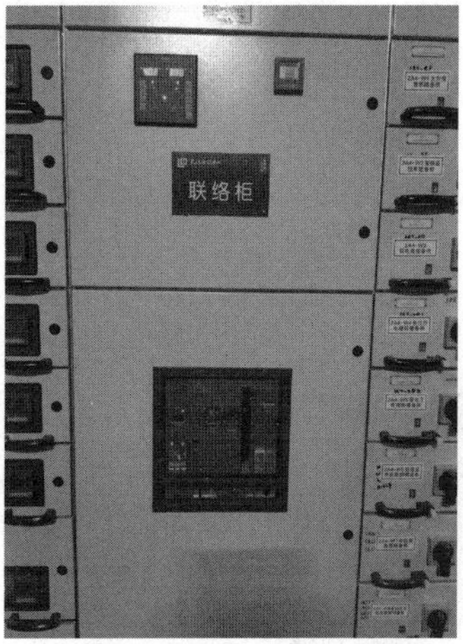

图 6-56　断路器合闸故障

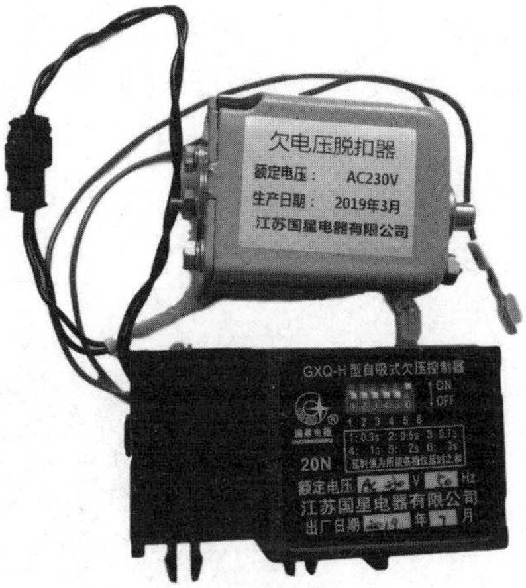

图 6-57　失压脱扣器故障

故障处理：

（1）检查三相互感器与零相互感器变比的输入是否正确，互感器是否正常，二次线是否安装正确，防止因测量不同造成差异；

（2）检查漏电电流值的设定；

（3）检查下级各负载是否有漏电情况。

图 6-58　保护装置报警故障

六、双电源无法自动切换故障

故障现象：双电源无法自动切换故障，如图 6-59 所示。

故障处理：

（1）检查装置是否调到自动模式；

（2）检查设置参数是否正确（如图 6-59 所示，S1、S2 红灯常亮表示电压范围设置偏小，造成不能自动切换）；

（3）检查常用电源、备用电源端以及公用电源端一次接线是否正常；

（4）检查装置本体的二次接线是否正常；

（5）检查是否有复位按钮等。

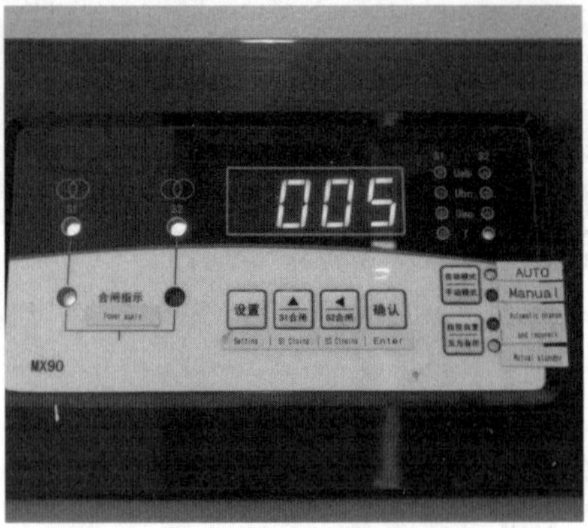

图 6-59　双电源无法自动切换故障

七、电压互感器故障

故障现象：电压互感器故障，如图 6-60 所示。

故障处理：

（1）检查电压互感器接线方式是否正确，更正接线为三角形接法；

（2）检查二次线的接法是否正确；

（3）检查铭牌是否与一次线、二次线接线方式吻合，是否与线路电压吻合；

（4）检查负载端是否有短路接地的情况。

图 6-60　电压互感器故障（一）

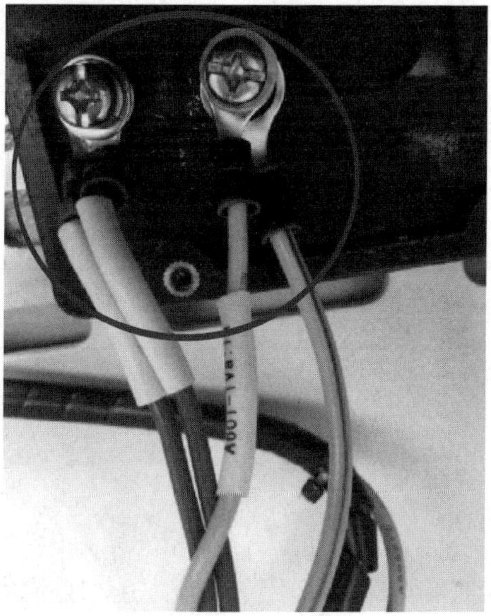

图 6-60 电压互感器故障（二）

八、漏电保护器常见的安装错误

故障现象：使用 220V 负载时，出现报警故障，如图 6-61 所示。
故障处理：N 相电缆没用通过零序互感器，直接接到零排，更正接线。

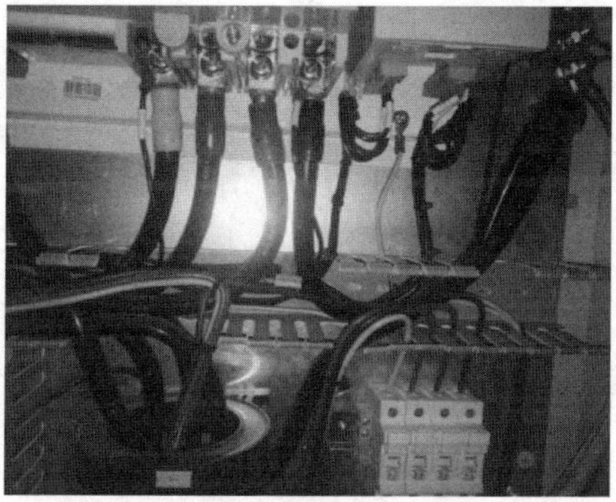

图 6-61 漏电保护器安装错误

第七章　常　用　仪　表

第一节　万　用　表

万用表具有用途多、量程广、使用方便等优点，是电工测量中最常用的工具。在电气维修工作中它可以用来测量电阻、交流电压和直流电压。有的万用表还可以测量晶体管的主要参数及电容器的电容量等。熟悉万用表的使用方法是掌握电子技术的一项基本技能。

常见的万用表有指针式万用表和数字式万用表。指针式万用表是以表头为核心部件的多功能测量仪表，测量值由表头指针指示读取。数字式万用表的测量值由液晶显示屏直接以数字的形式显示，读取方便，有些还带有语音提示功能。万用表是共用一个表头，集电压表、电流表和欧姆表于一体的仪表。

一、万用表使用的注意事项

（1）在使用万用表之前，应先进行“机械调零”，即在没有被测电量时，使万用表指针指在零电压或零电流的位置上。

（2）在使用万用表的过程中，不能用手去接触表笔的金属部分，这样一方面可以保证测量的准确；另一方面也可以保证人身安全。

（3）在测量某一电量时，不能在测量的同时换挡，尤其是在测量高电压或大电流时，更应注意。否则，会使万用表毁坏。如需换挡，应先断开表笔，换挡后再去测量。

（4）万用表在使用时，必须水平放置，以免造成误差。同时，还要避免外界磁场对万用表的影响。

（5）万用表使用完毕，应将转换开关置于交流电压的最大挡。如果长期不使用，还应将万用表内部的电池取出来，以免电池腐蚀表内其他器件。

二、万用表调节 Ω 零点方法

（1）将挡位调整旋钮置于“Ω×1”挡。

（2）将红表笔接在“+”端子；黑表笔接在“−”端子。

（3）将表笔测量端短接（搭在一起），观察表针是否指在 Ω 刻度线的“0”处，如未指“0”应调整“欧姆调零”旋钮，使之指“0”。

（4）当调节“欧姆调零”旋钮，无法使指针指在“0”处，表明表内电池电量不足，应更换表内的电池。

（5）很多万用表在电阻的最高倍率挡另装一块高电压的电池（9V 或 15V），应按说明的要求换装。若要使用此挡必须有相应的电池。

三、欧姆挡的使用注意事项

（1）选择合适的倍率。在使用欧姆挡测量电阻时，应选适当的倍率，使指针指示在中值附近，最好不使用刻度左边 1/3 的部分，这部分刻度密集，读数误差很大。

（2）使用前要调整机械零位和欧姆调零。

（3）欧姆挡不能带电测量。

（4）被测电阻不能有并联支路，应与线路脱离，以保证测量的准确性。

四、如何用万用表测量

1. 测量线圈电阻及好坏

用万用表测量线圈电阻及好坏是电工在工作中经常要遇到的情况，如检查变压器、接触器、继电器等电器的线圈、灯丝等是否已经损坏，检查线圈的准备工作、测量过程、选挡及换挡要求与测量单个电阻相同。

如选用“Ω×1”挡测量一个变压器的线圈，表针偏转到目前位置，则线圈的电阻约为 20Ω，表明线圈是好的，没有发生短路和断路的现象。

2. 欧姆挡测量导线是否断芯

在检修设备时由于电器控制线路都已经敷设在管线中，要判断导线是否有断线，可以用万用表的“Ω × 1”挡测量导线的通断，如果导线比较少，可以将导线的外线芯短接，表笔不分“+”“−”接触待测的导线，表针指“0”为完好，表针不动则有断线。

如果穿管的导线比较多，则可通过反复测量，确定是哪一条线断芯。也可以利用金属管或电线管作为一条导线测量。

3. 判断电容器的好坏

电容器是一个充放电的元件，有一个充电过程，根据这个原理可以简单地判断电容器的好坏。

使用“Ω×100”或“Ω×lk”挡，用万用表的两根表笔分别接触电容器的两极，表针左右摆动一次，摆动的幅度越大，说明电容量越大，若电容器质量好，极间的漏电电阻很大，测量时表针摆动后便立即回到“∞”处，如不能回到“∞”处则表明电容器的漏电比较大，如果表针根本不动（正反多试几次），说明被测电容器内部断路，如果表针不往回走，说明电容器已经击穿。

此种方法适用于容量 1μF 以上的电容器，0.01～1μF 的电容器用此种方法很难判断好坏。

五、数字式万用表的使用

现在，数字式测量仪表已成为主流，有取代模拟式仪表的趋势。与模拟式仪表相比，数字式仪表灵敏度高，准确度高，显示清晰，过载能力强，便于携带，使用更简单。以下简单介绍其使用方法和注意事项。

（1）使用前，应认真阅读有关的使用说明书，熟悉电源开关、量程开关、插孔、特殊插口的作用。

（2）将电源及挡位开关置于需要测量的位置。

（3）交直流电压的测量：根据需要将量程开关拨至“≌V”，红表笔插入“VΩ”孔，黑表笔插入“COM”孔，并将表笔与被测线路并联，读数即显示。测量交流电压时数字前无极性显示，测量直流电压时数字前显示“+”表示红表笔所接的为正极，显示“−”红表笔所接的为负极。

（4）电阻的测量：将量程开关拨至“Ω”位置，红表笔插入“VΩ”孔，黑红表笔插入“COM”孔。红、黑两表笔分别接触电阻两端，即可显示数值和单位。单位为 Ω、kΩ、MΩ。

电阻挡有过电压保护功能，瞬间误测规定范围内的电压不会造成损坏。这是误用电阻挡测量电压时仪表的安全值，但不可带电测量电阻。

测量小阻值电阻时，应先将两表笔短路，读出表笔连线的自身电阻（一般为 0.2～0.3Ω），以对被测阻值做出修正。

（5）检查电路通断时，应将功能开关拨到“蜂鸣器”挡，而不要像指针式万用表那样用电阻挡。测量时只要没有听到蜂鸣声，即可判断电路不通。

（6）使用“二极管、蜂鸣”挡测二极管时，数字式万用表显示的是所测二极管的压降（单位为 mV）。正常情况下，正向测量时压降显示为“400～700”，反向测量时显示溢出“1”。若正反测量均显示“000”，说明二极管短路；正向测量显示溢出“1”，说明二极管开路。

（7）交直流电流的测量：将量程开关拨至电流挡的合适量程，红表笔插入“COM”孔，当电流小于 200mA 时黑表笔插入“mA”孔，当电流大于 200mA 时插入“20A”孔，并将万用表串联在被测电路中即可。测量直流电时，数字万用表能自动显示极性。

（8）测量完毕后应将挡位开关拨至“OFF”位置，使仪表关闭。

六、万用表的使用禁忌

1. 不进行机械调零将影响读数

在使用万用表之前，应使万用表指针指在零电压或零电流的位置，如果不在零位，表针偏摆位置将不准确，将影响读数的准确性。

2. 接触表笔的金属部分测量有危险

在使用万用表的过程中，不能用手去接触表笔的金属部分，这样一方面可以保证测量的准确；另一方面也可以保证人身安全。

3. 测量中换挡位损坏仪表，不能错用挡位

在测量电流与电压时不能错用挡位，如果误用，就极易烧坏万用表。也不能在测量的同时换挡，尤其是在测量高电压或大电流时，更应注意。否则，会使万用表毁坏，如需换挡，应先断开表笔，换挡后再去测量。

4. 不知被测值大小，应使用最高挡

如果不知道被测电压或电流的大小，应先选用最高挡，而后再根据情况选用合适的挡位来测试，以免表针偏转过度而损坏表头。所选用的挡位越靠近被测值，测量的数值就越准确。

5. 不可错接直流极性

测量直流电压和直流电流时，注意“+”“−”极性，不要接错。如发现指针

反转，要立即调换表棒，以免损坏指针及表头。

6. 不能在线测量电阻

测量电阻时，被测电阻应断开连接，以免电路中的其他元件对测量的影响，造成测量误差。被测电阻应无电，电阻挡不可带电使用，以免造成万用表的损坏。

7. 忌使用完毕不换挡

万用表使用完毕后，应将挡位开关置于交流电压的最高挡，以防别人不慎测量220V市电电压而损坏。如果长期不使用，还应将电池取出来，以免电池腐蚀表内其他器件。

第二节　钳形电流表

一、钳形电流表的使用

钳形电流表最大的优点是可以在不断开被测线路的情况下测量线路上的电流。钳形电流表一般只测量工频交流电流，也有一些专门用于测量直流电流的钳形电流表。

为了保证测量的准确和安全，在使用之前应对钳形电流表进行以下检查。

（1）外观检查。不应有损坏等缺陷。尤其要注意，钳口闭合应严密，其铁芯部分应无锈蚀，无污物。

（2）指针式钳形电流表的指针应指“0”，否则应调整至“0”位。

（3）估计被测电流的大小，选用适当的挡位。选挡的原则是：调至大于被测值且又和它接近的那一挡。

测量时，打开钳口，将被测导线钳入钳口内，闭合钳口，表针偏转，即可读出被测电流值。读数前应尽可能使钳形电流表表位放平，若钳形电流表有两条刻度线，取读数时，要根据挡位值，在相应的刻度线上取读数。

二、钳形电流表使用安全注意事项

（1）测量前对表进行充分的检查，并正确地选挡。

（2）测试时应戴手套（绝缘手套或清洁干燥的线手套），必要时应设监护人。

（3）需换挡测量时，应先将导线自钳口内退出，换挡后再钳入导线测量。

（4）不可测量裸导体上的电流。

（5）测量时，注意与附近带电体保持安全距离，并应注意不要造成相间短路或相对地短路。

（6）使用后，应将挡位置于电流最高挡，有表套时将其装入表套，存放在干燥、无尘、无腐蚀性气体且不受震动的场所。

三、如何用钳形电流表测量

1. 用钳形电流表测量三相三线电路电流

一般是每次测量一条导线上的电流。如果测量三相三线负载（如三相异步电动机）的电流时，同时钳入两条导线，则指示的电流值，应是第三条线的电流。

2. 用钳形电流表测量三相四线电路零线电流

若是在三相四线系统中，同时钳入三条相线测量，则指示的电流值，应是工作零线上的电流，也称不平衡电流。

3. 用钳形电流表测量小电流的方法

如果导线上的电流太小，即使置于最小电流挡测量，表针偏转角仍很小，读数不准确，可以将导线在钳臂上盘绕数匝后测量，将读数除以匝数，即是被测导线的实测电流数。

导线上的电流值=读数÷匝数（匝数的计算：钳口内侧有几条线，就算作几匝）。

四、钳形电流表使用禁忌

1. 钳口不能有污物

检查仪表的钳口上是否有杂物或油污，待清理干净后再测量。如果钳口闭合不严，在测量时会出现电磁振动，将影响测量结果。

2. 不进行机械调零读数则不准确

在使用钳形电流表之前，应先进行“机械调零”，应使钳形电流表指针指在零电流的位置，这样可以保证读数的准确。

3. 不可测高压电流

被测电路的电压不可超过钳形电流表的额定电压。钳形电流表不能测量高压电气设备。

4. 测量中不可换挡

不能在测量过程中转动转换开关换挡。在换挡前，应先将导线退出钳口，更换挡位后再测量，以防止再切换挡位的空间，造成电流互感器开路，产生的高压会损坏电流表。

5. 不可测量裸线

测量时，注意与附近带电体保持安全距离，并应注意不要造成相间短路或相对地短路。

6. 钳形电流表的正确使用

（1）估计被测电流的大小，将转换开关调至需要的测量挡。如无法估计被测电流大小，先用最高量程挡测量，然后根据测量情况调到合适的量程。

（2）握紧钳柄，使钳口张开，放置被测导线。为减少误差，被测导线应置子钳形口的中央。

（3）钳口要紧密接触，如遇有杂音时可检查钳口是否清洁，或重新开口一次，再闭合。

（4）测量 5A 以下的小电流时，为提高测量精度，在条件允许的情况下，可将被测导线绕几圈，再放入钳口进行测量。此时实际电流应是仪表读数除以放入钳口中的导线圈数。

（5）测量小电流时可将导线在钳口铁芯上缠绕几匝，闭合钳口后读取读数。这时：导线上的电流值=读数÷匝数（匝数的计算：钳口内侧有几条线，就算作几匝）。

（6）使用后，应将挡位置于电流最高挡，有表套时将其放入表套，存放在干燥、无尘、无腐蚀性气体且不受震动的场所。

第三节 绝缘电阻表

一、正确选用绝缘电阻表

绝缘摇表（俗称兆欧表）的选用，主要考虑仪表的额定电压和测量范围是否与被测的电气设备相适应。一般原则是：测量高压电气设备的绝缘电阻，应使用额定电压较高的绝缘电阻表；绝缘电阻表的测量范围不应过多地超过被测设备的绝缘电阻值，否则读数误差较大。

额定电压 500V 及以下的电气设备，一般选用 500～1000V 的绝缘电阻表。

额定电压 500V 以上的电气设备，选用 2500V 的绝缘电阻表；瓷绝缘、母线及隔离开关，选用 2500～5000V 的绝缘电阻表。

500V 以上的电力变压器、发电机、电动机线圈绝缘，选用 1000～2500V 绝缘电阻表。有些绝缘电阻表的标尺不是从零开始，而是从 1MΩ 或 2MΩ 开始，这种绝缘电阻表不适宜测量潮湿场所低压电气设备的绝缘电阻，因为电气设备的绝缘电阻低于 1MΩ 时，将得不到正确的读数。常用的绝缘电阻表有手摇发电式和电子式。

二、正确使用绝缘电阻表

1. 绝缘电阻表使用前的检查

（1）外观完好，无影响其正常使用的缺陷。

（2）开路试验（L 线、E 线分开）：拨动手柄到 120r/min，表针应指在“∞”。

（3）短路试验（L 线、E 线短接）：拨动手柄到 120r/min，指针应能稳定地指在“0”。

2. 正确使用绝缘电阻表的方法

（1）测量前应正确选用绝缘电阻表，使绝缘电阻表的额定电压与被测电气设备的额定电压相适应。

（2）绝缘电阻表应水平放置，并应远离外界磁场。

（3）应使用表专用的测量线，或绝缘强度较高的两根单芯多股软线。不应使用绞型绝缘软线。

（4）测量前，应对绝缘电阻表进行开路试验和短路试验。开路试验，即绝缘电阻表的两根测量线不接触任何物体时，仪表的指针应指示在“∞”的位置。短路试验，即将两极测量线迅速接触的瞬间（立即离开），仪表的指针应指示在“0”的位置。

（5）被测的电气设备必须与电源断开。在测量中禁止他人接近设备。

（6）测量前必须将被测的设备对地放电，特别是电容性的电气设备，如电缆、大容量的电机、变压器以及电容器等。

（7）使用绝缘电阻表时，接线应正确。绝缘电阻表的“线路”或标有“L”的端子，接被测设备的“相”；“接地”或标有“E”的端子，接被测设备的地线；“屏蔽”或标有“G”的端子，接屏蔽线，以减少因被测物表面泄漏电流引起的误差。

（8）测量时，摇动绝缘电阻表的手柄，使转速逐渐达到 120r/min，待指针基本稳定后，即可读数，一般读取 1min 后的稳定值。

（9）测量电容性电气设备的绝缘电阻时，应在取得稳定读数后，先取下测量线，再停止摇动手柄，测完后立即对被测电气设备进行放电。

3. 摇测电动机对地（外壳）绝缘电阻

对于低压电动机（单相 220V，三相 380V）用 500V 绝缘电阻表测量，新电动机应用 1000V 绝缘电阻表测量运行过的电动机。

测量前应将端子上的原有的电源线拆去。

测“对地绝缘”时，实际就是测量绕组对机壳之间的绝缘电阻，至于电动机外壳是否做过接地，不影响其测量结果。

测量时，电动机端子上的连接片不用拆开，绝缘电阻表的 L 线接任意一个端子，E 线接外壳，摇至 120r/min，在 1min 时读数。

电动机绝缘电阻合格值：对于额定电压 380V 的电动机，新电动机（交接试验）绝缘电阻大于 1MΩ，运行过（预防性试验）的电动机绝缘电阻大于 0.5MΩ 为合格；对于额定电压 220V 的电动机，新电动机绝缘电阻大于 1MΩ，运行过的电动机的绝缘电阻大于 0.5MΩ 为合格。

4. 摇测电动机相间绝缘电阻

选用绝缘电阻表电压等级。

测量前应将电动机端子上原有的连接片拆去，L 线、E 线分别接在 U、V、W 三个端子中任意两个上进行测量，共三次（如 U1-V1、U1-W1、V1-W1 三次）摇测方法及绝缘电阻要求同上。

5. 摇测低压电力电缆绝缘电阻

测量额定电压在 1000V 以下的电力电缆应使用 1000V 的绝缘电阻表。1000V 以下的无铠装低压电缆的测量“相对相及地”的绝缘。有铠装低压电缆的测量“相对相及地”的绝缘。

摇测电缆绝缘电阻时应注意的安全事项如下。

（1）选用电压等级相等的绝缘电阻表，并仔细检查，确认其完好、准确。

（2）将电缆退出运行。

（3）对电缆放电（先做各极对地放电，再做极间放电）。

（4）做好安全技术措施；验电，确无电压后，挂临时接地线。

（5）拆开电缆两端原有的接线。

（6）在电缆的非测量端，挂警告类标示牌或派专人值守。

（7）测量各线芯对其他线芯及地（金属护套或铠装）的绝缘。如测 U 相线芯，将 V、W 线芯用裸导线连接并接至铠装，再接到兆欧表的“E”端。

（8）在被测线芯的绝缘层上，用软裸导线紧绕 3～5 匝后，改用有绝缘层的导线接到绝缘电阻表的“G”端。

（9）一人在有可靠绝缘的情况下，持接在“L”端的测试线。

（10）一个人摇动手柄，转速达 120r/min 时，令“L”线接触 U 相线芯，并开始计时。15s 和 60s 时各记读数一次。

（11）至 1min 后读数，必要时应做记录。先撤“L”线，再停播表。

（12）将 U 相线芯对地放电。

（13）重复（7）～（12）项工作，测 V、W 线芯的绝缘，这时要将“G”端接线分别改接在 V、W 线芯的绝缘皮上。

（14）必要时出具试验报告。

（15）对绝缘电阻的要求：不论交接试验还是预防性试验，所试验电力电缆以电阻大于 10MΩ 为合格。

6. 摇测低压电容器绝缘电阻

测量低压并联电容器的绝缘电阻，选用 500V 或 1000V 的绝缘电阻表。对于预防性试验，绝缘电阻表应有 1000MΩ 的有效刻度，对于交接试验，绝缘电阻表应有 2000MΩ 的有效刻度。

并联电容器绝缘电阻的要求：预防性试验电阻大于 1000MΩ，交接试验电阻大于 2000MΩ 为合格。

测量低压电容器绝缘的安全事项如下。

（1）选用适宜的兆欧表，并仔细检查，确认其完好、准确。

（2）将电容器退出运行。

（3）对电容器放电（先做各极对地放电，再做极间放电）。

（4）做好安全技术措施：验电，确无电压后，挂临时接地线。

（5）拆开电容器上原有的接线。

（6）擦拭干净电容器端子的磁绝缘。

（7）用软裸导线在每个端子的磁绝缘上各紧绕 3～5 匝，改用有绝缘层的导线接到绝缘电阻表的“G”端。

（8）用导线将电容器三个端子连接（待测）。

（9）将绝缘电阻表“E”端接线，接到电容器的外壳的带有标记处。

（10）一人手持绝缘用具挑着“L”端的测试线。

（11）一人摇动手柄，转速达 120r/min 时，令“L”线接触电容器三极的短接线，并开始计时。

（12）至 60s 时读数，必要时应做记录。

（13）撤开“L”端测试线，再停止摇表。

（14）对电容器放电。

（15）必要时出具试验报告。

7. 低压导线绝缘测量

单股导线在穿管敷设前，应检查导线绝缘层是否良好，以防敷设后因导线绝缘不良造成线路故障。测量导线绝缘方法如下。

测量低压导线的绝缘，选用 500V 或 1000V 的绝缘电阻表。

（1）准备一个水桶，将导线线头拉出水面。

（2）水桶内放一个金属片，连接绝缘电阻表的“E”端。绝缘电阻表的“L”端接要测量导线的一端。

（3）摇动手柄，转速达 120r/min 时，电阻不应小于 2MΩ。

8. 其他电器的绝缘电阻检查

检查电器的绝缘电阻是一项主要的安全工作，电器设备种类很多，根据绝缘电阻是电器设备带电部位与不应带电设备之间的绝缘这一要求，在工作中对各种电器设备，将绝缘电阻表的“E”端接电器设备不应带电的部位，比如外壳、框架等，绝缘电阻表的“L”端接电器设备正常带电部位即可测量它们之间的电阻。

对于额定电压 220V 的电器，其绝缘电阻不应小于 0.25MΩ。

三、绝缘电阻表的使用禁忌

1. 使用之前不试验

测量前先对绝缘电阻表进行一次开路和短路试验，检查绝缘电阻表是否良好。试验时先将两连接线开路，摇动手柄，指针应指在“∞”位置，然后将两连接线短路一下，轻轻摇动手柄，指针应指“0”，否则说明绝缘电阻表有故障，需要检修。

2. 禁止在雷电时或高压设备附近测绝缘电阻

为了防止发生人身和设备事故以及得到精确的测量结果，在测量前必须切断电源，并将被测设备充分放电，绝缘电阻表只能在设备不带电，也没有感应电的情况下测量。

3. 禁止测量设备上有人

摇测过程中，被测设备上不能有人工作。

4. 测量线不可以使用绞线

绝缘电阻表的接线柱与被测设备间连接的导线，不能用双股绝缘线和绞线，应用单股线分开单独连接，以免因绞线绝缘不良而引起误差。

5. 摇表未停放电不可触及导体

绝缘电阻表未停止转动之前或被测设备未放电之前，严禁用手触及。拆线时，也不要触及引线的金属部分。

6. 禁止先停表后撤线

测量大电容的电气设备绝缘电阻时，在测定绝缘电阻后，应先将与“L”接线的线断开，再降速松开绝缘电阻表手柄，以免被测设备向绝缘电阻表倒充电而损坏仪表。

绝缘电阻遥测五字歌：根据多年工作经验，结合手摇式绝缘电阻表使用方法，总结绝缘电阻摇测五字歌，简单、易记、易懂，五字歌如下：

绝缘电阻表使用前，检查它一遍。短接缓摇零，开路摇无穷。设备停放电，才能把它攀。拆去连接线，瓷件擦净干。所测接“L”线，非测地“E”线。电容及电感，摇起“L”点。点离表仍转，方保摇表安。摇到正常转，一分电阻念。测后放放电，再测保安全。以上记心间，摇测准又安。

第四节　接地电阻测量仪

接地电阻测量仪用来测量接地装置的接地电阻值或者土壤的电阻率。接地电阻测量仪又称接地摇表。它由一台手摇发电机、一个检流计和一套测量机构所组成。常用的接地电阻测量仪有三个或四个接线端子。成套接地电阻测试仪包括一套附件——有两个辅助接地铁钎与三条连接线（分别为 5、20、40m）测量时分别接到被测接地体和两个辅助接地体上去。

一、接地电阻仪测量前的检查

（1）应选用精度及测量范围足够的接地电阻仪。

（2）外观检查：表壳应完好无损；接线端子应齐全完好；检流计指针应能自由摆动；附件应齐全完好（有5、20、40m线各一条和两个接地钎子）。

（3）调整：将表位放平，并将检流计指针与基线对准，否则调整。

（4）短路试验：将表的四个接线端（C1、P1、P2、C2）短接；表位放平稳，倍率挡置于将要使用的一挡；调整刻度盘，使“0”对准下面的基线；摇动摇把到120r/min时，检流计指针应不动。

（5）按图示接好各条测试线。

（6）摇动摇把，同时调整刻度盘使指针能对准基线。

（7）读取刻度盘上的数×倍率=被测接地电阻值。

（8）不再使用时应将仪表的接线端短封，防止在开路状态下摇动摇把，造成仪表损坏。接地电阻仪禁止进行开路试验。

二、接地电阻仪测量时应注意的事项

（1）先切断与之有关的电源，断开与接地线的连接螺栓，将被测接地装置退出运行。

（2）测量线的上方不应有与其相平行的强电力线路，下方不应有与之平行的地下金属管线。

（3）雷雨天气不得测量防雷接地装置的接地电阻。

三、接地装置的测量周期

测量应在每年的三、四月份进行。

（1）变配电所的接地装置，每年一次。

（2）10kV及以下线路变压器的工作接地装置，每两年一次。

（3）低压线路中性线重复接地的接地装置，每两年一次。

（4）车间设备保护的接地装置，每年一次。

（5）防雷保护装置的接地装置，每年一次。

四、各种接地装置的接地电阻最大允许值

各种接地装置的接地电阻值，一般按照下列数值选定。

（1）中性点接地为 4Ω。

（2）重复接地为 10Ω。

（3）独立避雷针为 10Ω。

（4）电力线路架空避雷线，根据土壤电阻率不同，分别为 10～30Ω。

（5）变、配电所母线上的阀型避雷器为 5Ω。

（6）变电所架空进线段上的管型避雷器为 10Ω。

（7）低压进户线的绝缘子铁脚接地电阻值为 30Ω。

（8）烟囱或水塔上避雷针的接地电阻值为 10～30Ω。

五、接地电阻仪的使用禁忌

（1）使用之前不试验。

1）接地摇表禁止开路试验，必须做短路试验。

2）将表的四个接线端（C1、P1、P2、C2）短接；表位放平稳，倍率挡置于将要使用一挡；调整刻度盘，使“0”对准下面的基线；摇动摇把到 120r/min 时，检流计指针应不动。

（2）禁止带设备测量。接地线路要与被保护设备断开；一保证测量结果的准确性；二保证测量工作的安全。

（3）禁止雨后测量。下雨后和土壤吸收水分太多的时候，以及气候、温度、压力等急剧变化时不能测量。此时测量出的结果不准确。

（4）被测接地极环境有要求。被测接地极附近不能有杂散电流和已极化的土壤。探测针应远离地下水管、电缆、铁路等较大金属体，其中电流极应远离 10m 以上，电压极应远离 50m 以上，如上述金属体与接地网没有连接时，可缩短距离 1/3～1/2。

（5）测量导线要绝缘。接地电阻表连接线应使用绝缘良好的导线，以免有漏电现象。

第五节　温度测量仪表

温度测量仪表虽不是电工仪表，但却是电气安全工作中不可缺少的仪表，造成电气故障的主要原因之一是电气过热，温度测量仪表可以发现电气电路、触点开关等处的电气安全缺陷，它为电气检修人员提供了良好的检查手段。

一、半导体点温计

点温计的基本工作原理是让温度去改变一个电参数（如电阻），从而改变整个电路的工作状态，由此测量相应的温度，由于感温部分是半导体热敏电阻，故又称半导体点温计。它可以测量一个很小面积的温度，因此特别适宜测量触头、触点等部位的温度。

点温计在使用前，首先要把转换开关从“关”的位置打到“校正”挡，这时表针会自动打向满刻度；如果表针不指在满刻度，可调节表外的校正旋钮，使之指到满刻度。然后，再把转换开关打到“测量”位置，表针此时指示的是环境温度。把测试探头轻轻触及需要测温的位置，表针稳定后即指示出测点的温度。有的表有两挡量程，这就应根据被测温度适当选用。点温计的探头前端有的用金属壳保护起来，有的没有这些外壳，传感器裸露在外部，使用时应特别小心。点温计在使用中应避免振动，不要在强磁场中使用，更不能用来测量裸露的带电体。

二、红外线测温仪的知识

红外线测温仪的工作原理其实很简单，它采用红外线技术，可快速、方便地测量物体的表面温度。不需接触被测物体而快速测得温度读数。只需瞄准，按动触发器，在 LCD 显示屏上即可读出温度数据。红外线测温仪重量轻、体积小、使用方便，并能可靠地测量热的、危险的或难以接触的物体，而不会污染或损坏被测物体，红外线测温仪应用领域非常广泛。

红外线测温仪的使用方法和注意事项：使用红外线测温仪测量温度时，要将红外线测温仪对准要测的物体，按动触发器，在仪器的 LCD 上读出温度数据，保证安排好距离和光斑尺寸之比和视场。

用红外线测温仪时，一定要注意以下几点注意事项。

（1）只能测量物体的表面温度，不能测量其内部温度。

（2）红外线测温仪不能透过玻璃进行测量温度，玻璃有很特殊的反射和透过特性，不能精确地读取红外线温度读数，但可通过红外线窗口测温。此外，红外线测温仪最好不用于光亮的或抛光的金属表面的测温（不锈钢、铝等）。

（3）要仔细定位热点，发现热点，用红外线测温仪器瞄准目标，然后在目标上做上下扫描运动，直至确定热点。

（4）使用红外线测温仪时，要注意环境条件：烟雾、蒸汽、尘土等，它们均会阻挡仪器的光学系统而影响精确测温。

（5）使用红外线测温仪时，还要注意环境温度，如果红外线测温仪突然暴露在环境温差为 20℃或更高的情况下，允许仪器在 20min 内调节到新的环境温度。

第八章　重大活动安全用电

第一节　自 备 应 急 电 源

一、自备应急电源类型

下列电源可作为自备应急电源。

（1）自备电厂。

（2）发动机驱动发动机组，包括：柴油发动机发电机组、汽油发动机发电机组、燃气发动机发电机组。

（3）静态储能装置，包括：UPS、EPS、蓄电池、超级电容。

（4）动态储能装置（飞轮储能装置）。

（5）移动发电设备，包括：装有电源装置的专有车辆、小型移动式发动机。

（6）其他新型电源装置。

二、自备应急电源配置原则

（1）重要电力客户均应配置自备应急电源，电源容量至少应满足全部保安负荷正常启动和带载运行的要求。

（2）重要电力客户的自备应急电源应与供电电源同步建设，同步投运，可设置专用应急母线，提升重要客户的应急能力。

（3）自备应急电源的配置应依据保安负荷的允许断电时间、容量、停电影响等负荷特性，综合考虑各类应急电源在启动时间、切换方式、容量大小、持续供电时间、电能质量、节能环节、适用场所等方面的技术性能，合理地选择自备应急电源；重要电力客户自备应急电源选择可参见附录表。

（4）重要电力客户应具备外部应急电源接入条件；有特殊供电需求及临时重要电力用户，应配置外部应急电源接入装置。

（5）自备应急电源应符合国家有关安全、消防、节能环保等相关技术标准的要求。

（6）自备应急电源应配置闭锁装置，防止向电网反送电。

三、自备应急电源配置技术要求

1. 允许断电时间的技术要求

（1）保安负荷允许断电时间为毫秒级的，应选用满足相应技术条件的静态储能不间断电源或动态储能不间断电源，且采用在线运行方式。

（2）保安负荷允许断电时间为秒级的，应选用满足相应技术条件的静态储能电源、快速自动启动发电机组等电源，且具有自动切换功能。

（3）保安负荷允许断电时间为分钟级的，应选用满足相应技术条件的发电机组等电源，可采用自动切换装置，也可采用手动的方式进行切换。

2. 自备应急电源需求容量的技术要求

（1）自备应急电源需求容量达到百兆瓦级的，用户可选用满足相应技术条件的独立于电网的自备电厂作为自备应急电源。

（2）自备应急电源需求容量达到兆瓦级的，用户应选用满足相应技术条件的大容量发电机组、动态储能装置、大容量静态储能装置（如 EPS）等自备应急电源；如选用往复式内燃机驱动的交流发电机组，可参照 GB/T 2820.1 的要求执行。

（3）自备应急电源需求容量达到百千瓦级的，用户可选用满足相应技术条件的中等容量静态储能不间断电源（如 UPS）或小型发电机组等自备应急电源。

（4）自备应急电源需求容量达到千瓦级的，用户可选用满足相应技术条件的小容量静态储能电源 （如小型移动式 UPS、储能装置）等自备应急电源。

3. 持续供电时间和供电质量的技术要求

（1）对于持续供电时间要求在标准条件下 12h 以内，对供电质量要求不高的保安负荷，可选用满足相应技术条件的一般发电机组作为自备应急电源。

（2）对于持续供电时间要求在标准条件下 12h 以内，对供电质量要求较高的保安负荷，可选用满足相应技术条件的供电质量高的发电机组、动态储能不间断供电装置、静态储能装置或静态储能装置与发电机组的组合作为自备应急电源。

（3）对于持续供电时间要求在标准条件下 2h 以内，对供电质量要求较高的保安负荷，可选用满足相应技术条件的大容量静态储能装置作为自备应急电源。

（4）对于持续供电时间要求在标准条件下 30min 以内，对供电质量要求较高的保安负荷，可选用满足相应技术条件的小容量静态储能装置作为自备应急电源。

四、自备应急电源的运行

（1）自备应急电源应定期进行安全检查、预防性试验、启机试验和切换装置的试验。

（2）自备应急柴油发电机组的运行、维护和保养要求如下：

1）自备应急柴油发电机组的运行、维护人员应经过操作培训和上岗培训；

2）自备应急柴油发电机组宜每月空载运行一次，至少每季度应带载（不小于 50%的机组额定功率）运行一次，运行时间至少达到机组温升稳定；

3）自备应急柴油发电机组应定期进行带载运行；

4）自备应急柴油发电机组不宜长时间低负载（小于 30%负载）运行，且不宜频繁启停；

5）自备应急柴油发电机组不宜带负荷运行后马上停机（应急停机除外）；

6）自备应急柴油发电机组的维护和保养时间宜根据柴油发电机组的使用天数和机组运行小时数来确定或根据自备应急柴油发电机组产品说明书的保养操作规程、机组定期保养计划和定期保养项目进行。

（3）自备应急 UPS、EPS 的运行、维护和保养要求如下：

1）自备应急 UPS、EPS 的运行、维护人员和运行、维护人员应经过操作培训和上岗培训；

2）自备应急 UPS、EPS 的维护和保养时间宜根据 UPS、EPS 的使用天数和机组运行小时数来确定；

3）自备应急 UPS、EPS 的蓄电池组应根据产品说明书要求的控制策略进行充放电；

4）自备应急 UPS、EPS 应定期进行日常巡检，季度保养和年度保养应按产品说明书的要求进行；

5）应定期对自备应急 UPS、EPS 的蓄电池组进行核对性放电试验；

6）放置自备应急 UPS、EPS 的蓄电池组的环境应满足设备的运行要求。

（4）重要电力客户的自备应急电源，在使用过程中应杜绝和防止以下情况的发生：

1）自行变更自备应急电源接线方式；

2）自行拆除自备应急电源的闭锁装置或者使其失效；

3）自备应急电源发生故障后长期不能修复并影响正常运行；

4）擅自将自备应急电源引入，转供其他用户；

5）其他可能发生自备应急电源向公共电网送电的情况。

（5）用电客户装设自备应急电源机组应及时向供电企业提交相关资料。

第二节　重大活动应急保障

一、组织管理

（1）重大活动安全用电保障工作应按照“谁组织、谁负责，谁产权、谁负责”的原则开展。

（2）建立活动安全用电保障组织机构和工作体系。

二、风险评估与隐患治理

（1）重要电力用户应在重要会议或重大活动前对用电设施的运行状况、定期试验、重要负荷、电气运行人员配置，以及应急预案、应急演练、备品备件、自备应急电源配置等方面的情况进行风险评估和隐患排查。

（2）重要电力用户应当结合风险评估和隐患排查工作，严格管控安全风险，全面治理安全隐患。电力安全保障实施阶段前无法完成整改的，应当制定防范措施，做好应急准备。

三、保障方案及措施

（1）重要电力用户应当根据电力安全保障工作需要，制定重大活动期间安全保卫专项措施、应急处置专项方案等，且对相关人员应进行专项培训，保证用电设施安全运行。

（2）重要电力用户应当根据电力安全保障工作需要，储备必要的用电设施备品、备件和应急物资，宜为应急发电装备接入提前预留设备接口；应急发电车接入、停放困难的重要电力用户宜将接入点引出到适宜发电车停放区域的固定接线端子箱。

四、安全用电保障

（1）重要电力用户应根据重要活动保障工作的整体安排，明确工作流程、各级保障人员的工作职责和工作标准。

（2）定期进行负荷和温度测试，掌握设备运行状况，并做好巡视检查记录。

（3）应避免非必要的倒闸操作，确需进行倒闸操作时，应执行审批制度。

五、重要会议或活动专项检查

在重要会议或活动开始前，重要会议或活动场所方应对电力设备进行专项检查。检查内容主要有：重要活动场所高、低压配电装置，电力变压器，电力电缆，末端负荷，自备应急电源的运行情况和存在的安全隐患。重要会议或活动场所方应在重要会议或活动开始前，完成专项检查和问题的整改。

1. 全负荷试验

（1）试验范围。

1）特级重要会议或活动场所应开展电气设备全负荷试验，即模拟重要会议或活动期间重要活动场所运行状态，将场所全部用电装置和设备同时运行一定时间（不宜少于30min）的试验（见附录Ⅰ）。

2）一级及以下重要会议或活动场所，必要时参照开展。

（2）试验条件及流程。

1）全负荷试验应在重要会议或活动场所电气设施全部竣工投产，所有固定的用电设备调试完毕、试运行正常后进行。

2）全负荷试验分正常运行方式和异常运行方式两个阶段开展。

正常运行方式阶段：重要会议或活动期间各路主供电源同时运行的方式。

异常运行方式阶段：全部负荷由其中一个电源供电的方式。如有多个电源，则应分成多个异常方式运行时间段。

3）重要会议或活动场所在进行全负荷试验时，必要时可向供电企业申请技术指导。

2. 临时负荷管理

（1）责任分界。

1）场所方是临时用电负荷管理的责任方，应指派专人对临时负荷的规范管理和安全用电负责。同时根据负荷使用方的申请，明确临时用电负荷的接入点、可接容量、接入方式、负荷性质、使用时间等，并对负荷使用方是否按要求接电和使用进行监督检查。

2）负荷使用方是临时用电负荷接用的责任方，应严格遵循接入要求，按照场所方明确的接入点、容量、接入方式、使用时间等进行接电和使用。

3）场所方和负荷使用方根据设备产权归属，明确用电安全责任分界。一般以墙壁插座或最后一级低压电源箱出线电缆压线螺栓为界，电源侧属场所方负责维护管理，设备侧属负荷使用方负责维护管理。

4）重要会议或活动场所在进行临时负荷管理时，必要时可向供电企业申请技术指导。

（2）接用流程。

1）场所方应至少在活动开始前 3 天，梳理本场所负荷接入情况，合理分配供电线路，确保负荷平衡。重要场所插座、临时接电箱、备用低压出线回路应在醒目位置标识可接入容量。对不接电的插座和临时接电箱、低压出线柜等应可靠封闭，完成申请审批流程后方可由专人启封接电。

2）负荷使用方应至少在活动开始前 2 天，提出临时负荷接入的书面申请（见附录），内容包括负荷容量、负荷性质、用电地点等。

3）场所方电气值班人员依据负荷使用方的用电申请进行现场负荷容量复核、接入影响分析、运行保障确认，并初步确定接入方式及接入点。

4）场所方电气管理人员应根据现场确认情况，综合各业务口意见，审核批准。

5）场所方应对所有接入系统负荷进行复审，并分析对系统重要负荷的影响，建立相应的运行与应急预案。

6）场所方应将有关临时负荷接入申请资料存档备查。

（3）接用要求。

1）负荷要求：①严禁使用未经检验或不符合国家相关规范的电器；②接入的用电设备应按规定配置电气保护装置，金属设备外壳应有良好接地。

2）接用要求：①严禁私拉乱接用电；②严禁未经审批擅自改动原有供配电设施；③严禁接入重要负荷回路，如需不间断供电的，负荷使用方应自备 UPS 不间断电源装置；④接入的总负荷严禁超过开关或插座的允许容量；⑤接入的负荷线路中间不应设有接头；⑥不应采用插座板多级链接方式接电。

3）管理要求：①场所方应加强对临时接入负荷的管理巡视，发现未经批准或未按照批准的方式接入的临时负荷，应立即终止其接入用电。在其申请并核准同意后，按照批准方式接入；②负荷使用方在使用前应检查临时接入用电设备外观是否正常，在使用中发现有异常声响、冒烟、冒火花、发出焦糊异味等情况，应立即断开电源开关，并将相关情况向场所方进行汇报。

全负荷试验方案详见附录Ⅰ。

附　　录

附录A　用电情况自查表

<table>
<tr><th>自查项目</th><th colspan="2">自查内容</th></tr>
<tr><td>一、电气应急管理</td><td colspan="2">□ 未配置双电源
□ 未配置自备应急电源
□ 自备应急电源容量不满足全部保安负荷正常启动和带载运行的要求
□ 应急电源投切时间与重要负荷的最大允许中断时间不匹配
□ 自备应急电源未定期进行检查、维护、试验
□ 客户应急预案不合理，未开展演练</td></tr>
<tr><td rowspan="5">二、设备运行状态管理</td><td>1．变压器检查</td><td>□ 变压器异响；异味；高温报警；套管破损、脏污
□ 连接点发热、放电
□ 接地装置连接不可靠</td></tr>
<tr><td>2．断路器检查</td><td>□ 操动机构的指示位置和实际运行状态不一致
□ 断路器储能状态指示不正常
□ 控制回路电源、分合闸电源及熔断器异常</td></tr>
<tr><td>3．高压配电柜检查</td><td>□ 运行指示灯与开关位置不一致
□ 高压柜“五防”不完备
□ 高压柜带电指示仪显示异常
□ 柜体观察窗未加装防爆金属网
□ 柜体无防爆泄压通道
□ 设备无双重编号、进出线电缆未挂标识牌及封堵
□ 配电室的进线柜有接地刀闸
□ 接地刀闸未采取有效防护措施</td></tr>
<tr><td>4．低压配电柜检查</td><td>□ 低压柜上所有标识、操作把手、按钮、按键位置与实际情况不相符或不牢固
□ 柜体仪表或表盘玻璃不牢靠
□ 电压、电流指示异常
□ 低压柜上的合断信号及其他信号指示异常
□ 柜体外观异常，有明显缺陷或过热、放电现象</td></tr>
<tr><td>5．互感器检查</td><td>□ 互感器有脏污、裂纹、破损及放电痕迹
□ 互感器有异声和放电声
□ 互感器有焦臭味
□ 电压表、电流表显示电压、电流数据异常</td></tr>
</table>

续表

自查项目	自查内容	
三、其他运行管理	1. 电气运维人员自维能力	□ 电气运维人员不熟悉设备操作流程及规范，不具备相应的电气运维和操作能力 □ 电气运维人员未取得安全主管部门颁发的资格证件，不具备操作能力
	2. 配电室内部管理	□ “四防一通”措施不齐全（防误入、防小动物、防水、防火及通风） □ 一次设备接线图与现场不一致 □ 一次设备接线图未追溯到重要负荷 □ 设备柜前、后检修通道不符合要求 □ 无巡视线路标识 □ 配电室管理制度未上墙 □ 配电室排水及通风设施不完善 □ 电缆沟内的电缆未分层放置在电缆支架上；未加设牢固防护盖板，且未采取有效防排水措施
	3. 技术资料管理	□ 无工作票、操作票记录 □ 无运行日志记录 □ 无设备缺陷、检修处理记录 □ 高压柜继电保护未定期进行整组试验
	4. 试验报告管理	□ 无设备出厂试验、交接试验报告 □ 无设备预防性试验报告及周期性试验报告 □ 试验单位资质不符合要求 □ 所试项目不齐全、试验结果不正确
	5. 安全工器具、消防管理	□ 安全工器具未按规定位置存放 □ 安全工器具试验不符合要求 □ 消防工器具数量不满足要求 □ 消防工器具未定期检查
	6. 备品、备件管理	□ 备品、备件不齐全、充足 □ 备品、备件未定期检查
四、其他检查发现的隐患		

注 □ 里打“√”或“×”。

附录B 运行管理资料清单

序号	类型	具体资料
1	管理制度	值班制度*
		交接班制度*
		巡视检查制度*
		设备验收制度
		设备缺陷管理制度*

续表

序号	类型	具体资料
1	管理制度	运行维护工作制度*
		运行分析制度
		设备预防性试验制度
		培训管理制度
		场地环境管理制度*
		应急预案管理制度
		工作票、操作票管理制度*
		门禁制度
2	图纸	一次系统图*
		二次回路的原理图、接线图*
		直流电源系统图
		配电室自用电系统图
		电容器、电抗器及接地变压器接线图
		隐蔽工程图：电缆敷设平面布置图和电缆明细表、接地装置平面布置图
3	图表	变配电系统模拟图版（屏）*
		供电部门调度值班人员名单（限有调度协议的单位）*
		值班人员名单（应明确各班带班人）及其上岗证复印件*
		事故处理及紧急应用电话表*
		设备专责分工表*
		卫生专责分工表
		设备档案：产品合格证、出厂试验报告单、厂家使用说明书、检修记录、缺陷记录、交接试验记录、预防性试验记录、设备卡片等
4	记录	倒闸操作记录*
		运行工作记录或值班日志*
		负荷记录*
		设备巡视检查记录*
		设备缺陷记录*
		设备检修记录*
		设备试验记录*
		继电保护及自动装置动作记录*
		事故处理记录*
		应急预案演练及评估记录*
		安全日活动记录*
		培训及考核记录*
		运行分析记录
		门禁登记记录*
		安全用具、仪表台账*
		消防器材检查记录*

注 配电室运行管理资料清单不限于表中罗列的资料清单。
*处为配电室必备的内容，其余为技术管理单位必备的内容。

附录C 自备应急电源选择

类别	应急条件需求		自备应急电源推荐结果	
	允许断电时间	容量（kW）	推荐自备应急电源	理由
重要负荷	零秒级	0～400	UPS	在线运行方式的UPS能够满足零秒的切换，其他自备应急电源均很难满足
		400～2000	动态UPS	大容量零秒切换的应急发电机目前最优的是动态UPS，将UPS与发电机组合的方式价格贵且性能低
	毫秒级	0～10	UPS	毫秒级切换的自备应急电源主要有UPS、HEPS和动态UPS三种，其中HEPS和动态UPS容量普遍较大，因此在10kW内首选UPS
		10～300	UPS/HEPS	10～300kW，自备应急电源可选UPS或HEPS，HEPS的价格约为UPS的70%～80%，但UPS技术相对成熟，用户可根据自身需要在二者之间选择
		300～800	HEPS	UPS随着容量增加价格迅速增加，因此在应急负荷在300kW以上，宜使用大容量的HEPS
	秒级（10s内）	0～600	EPS	秒级的切换可不必选择高价格的毫秒级切换的自备应急电源，而符合毫秒级切换的自备应急电源主要有EPS和燃气发电机，在小容量应急负荷EPS明显具有优势，价格约为燃气发电机的1/4，因此首选EPS
		500～2000	燃气发动机	EPS很难做到大容量，否则价格会突增，因此大容量秒级的应急负荷首选燃气发电机
	分钟级	0～800	EPS/柴油发动机	EPS与柴油发电机均符合要求，EPS比柴油发电机贵大约40%，但EPS比柴油发电机节能、省电，因此用户可根据自身需求对二者进行选择
		800～2500	柴油发动机	EPS很难做到大容量，因此首选柴油发电机，其性价比最高
		大于2500	汽轮发电供热（包括热电联产）	企业电网有功电力缺额超过柴油发电机的容量，只有保有旋转备用的自备热电站的汽轮发电供热机组，才能避免重要负荷被甩掉

附录D 安全标示牌悬挂位置和式样要求

类别	名称	使用方法	式样	
禁止类	禁止合闸，有人工作！	一经合闸即可送电到设备的断路器或隔离开关操作把手上	白底，红色圆形斜杠，黑色禁止标志符号	黑字
	禁止合闸，线路有人工作！	线路断路器或隔离开关把手上		
	禁止攀登，高压危险！	高压配电装置构架的爬梯上，变压器、电抗器等设备的爬梯上		

续表

类别	名称	使用方法	式样	
警告类	止步，高压危险！	施工地点临近带电设备的遮栏上；室外工作地点的围栏上；禁止通行的过道上；高压试验地点；室外构架上；工作地点临近带电设备的横梁上	白底，黑色正三角形及标志符号，衬底为黄色	黑字
指令类	从此上下！	工作人员可上下的铁架、爬梯上	衬底为绿色，中有白圆圈	黑字，写于白圆圈中
	在此工作！	工作地点或检修设备上		
提示类	已接地	悬挂在已接地线的隔离开关操作手把上	衬底为绿色	黑字

附录 E　智能运维系统建设要求

一、总体要求

1. 先进性

系统应采用先进的技术和方法，保证系统具备较长的生命周期。

2. 可靠性

系统应确保数据获取、数据处理、数据传输等过程的准确和可靠。

3. 安全性

系统应确保用户数据安全和用户隐私安全，按照不同用户对安全的需求提供不同的安全等级保护，确保用户的数据和隐私均受到保护。

4. 集成性

系统应能够从其他信息系统获取数据，并且能够为其他信息系统提供数据集成接口。

5. 可扩展性

系统的软、硬件都可动态扩展，系统配置和设计容量具有合理冗余，符合扩展需要。

二、系统功能要求

1. 运行监测

系统应具备运行监测功能，对配电室内设备运行状态、运行参数和配电室运行环境情况进行监测，电力用户可通过客户端实时获取配电室的运行状况，系统的运行监测功能应满足下列要求：

（1）应支持配电室主要运行状态、设备信息等的实时监测；

（2）应支持对监测内容进行可视化展示，并提供多样化的展现形式。

2. 预警功能

系统应具备预警功能，支持用户对配电室运行参数越限情况进行实时监测、追踪，支持对预警历史信息的查询与管理，系统的预警功能应满足下列要求：

（1）预警内容应包括：开关状态变化、运行参数越限及环境状态异常等；

（2）预警发生时应能及时记录，必要时可进行预警信息推送；

（3）应提供历史预警信息按照条件设定检索查询以及打印输出功能。

3. 报警处理

系统应具备报警处理功能，支持用户对配电室故障报警信息实时监测、追踪，支持对报警历史信息查询与管理，系统的报警处理功能应满足下列要求：

（1）警内容应包括：设备故障报警、开关事故跳闸，运行值和环境状态参数越过对应的报警阈值；

（2）报警发生时应能立刻推出报警条文，宜伴以声、光提示；

（3）应提供历史报警信息检索查询以及打印输出功能。

4. 运行统计分析

系统应具备运行统计分析功能，用户可通过运行统计分析功能对配电室的运行数据进行查询、对比和分析，系统的运行统计分析功能应满足下列要求：

（1）应支持对配电室内运行数据进行统计计算；

（2）应支持按照组合查询条件查询相应数据，并通过图形、表格形式进行显示。

5. 报表管理

系统应具备报表管理功能，用户可通过报表管理功能对负荷数据、电量数据、预警数据、报警数据进行查询、下载和打印，系统的报表功能应满足下列要求：

（1）应支持使用历史数据，按照设定周期，生成不同格式和类型的报表；

（2）报表应支持打印输出的功能。

6. 基础信息管理

系统应具备基础信息管理功能，支持通过人工录入或系统交互等手段，进行创建和管理用户的基础信息和配电室设备基础信息等操作。

7. 配置管理

系统应具备配置管理功能，支持通过人机界面对系统功能模块、用户权限和相关设备参数、属性进行配置。

三、系统架构

1. 整体架构

系统是提供电力用户配电室信息感知、传输、存储、处理、业务应用及展示的完整应用系统，系统架构至少包含三个层：数据采集层、通信传输层和系统平台层，见图 E-1。

2. 架构描述

智能运维系统架构如下：

（1）数据采集层应用传感器采集数据，通过有线或无线方式将数据传递至汇聚网关。汇聚网关对数据进行处理后，通过传输层发送到系统平台层。

（2）通信传输层负责数据和信息在数据采集层和系统平台层之间的传输，组网可以采用有线网络或无线网络。

（3）系统平台层对数据进行处理，向用户提供各种业务应用，以可视化展示。

（4）客户端属于系统平台层，是指一种向服务器请求，从服务器接收服务，为客户提供业务功能，运行在计算机或智能手机上的软件。

四、数据采集点设置要求

1. 数据采集点分类

智能运维系统数据采集点分为以下三类：电气数据采集点、环境数据采集点、视频信息采集点。

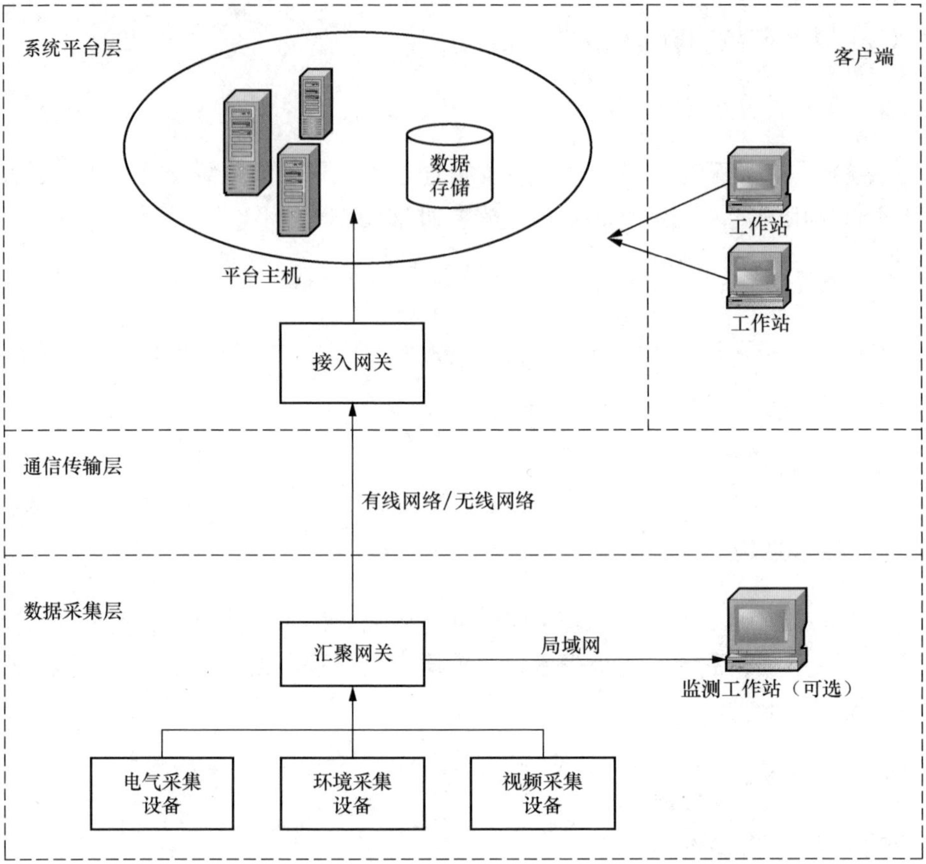

图 E-1　系统架构

2. 电气数据采集点设置要求

配电室电气数据采集点的设置应满足下列要求：

（1）高压系统设有微机继电保护装置的，应设置电气数据采集点；未装设微机继电保护装置的，当项目投资和现场技术条件允许时，可设置电气数据采集点。

（2）低压系统应在变压器主进回路、母线联络回路、用户自备电源进线回路等涉及系统整体运行方式的重要回路上设置电气数据采集点。

（3）低压系统的无功自动补偿回路，应设置电气数据采集点。

（4）低压系统的重要负荷馈线回路，应设置电气数据采集点。

（5）低压系统的一般负荷馈线回路，当项目投资和现场技术条件允许时，可设置电气数据采集点。

（6）应在配电变压器上设置电气数据采集点；当现场技术条件允许时，宜在直流站用电源设备上设置电气数据采集点。

（7）电气数据采集要求依照第五部分中的 1 的规定执行。

3. 环境数据采集点设置要求

智能运维系统应在配电室内各独立功能区域设置环境数据采集点，环境数据采集要求依照第五部分中的 2 的规定执行。

4. 视频信息采集点的设置要求

智能运维系统应在配电室设置视频信息采集点，视频信息采集要求依照第五部分中的 3 的规定执行。

五、数据采集要求

1. 电气数据采集要求

电气数据的采集应符合以下要求。

（1）高压回路电气数据的采集应符合表 E-1 的要求。

表 E-1　高压回路电气数据采集要求

回路类别	模拟量（遥测）	开关量（遥信）
进线回路	电压、①电流	开关位置、开关事故动作
馈线回路	电流	开关位置、开关事故动作
联络回路	电流	开关位置、开关事故动作

① 当现场设备的技术条件允许时。

（2）低压回路电气数据的采集应符合表 E-2 的要求。

表 E-2　低压回路电气数据采集要求

回路类别	模拟量（遥测）	开关量（遥信）
进线回路	电压、电流、有功功率、无功功率、视在功率、有功电量、无功电量、功率因数	开关事故动作、开关位置
联络回路	—	开关事故动作、开关位置
无功自动补偿回路	电流、无功功率、视在功率	—
重要负荷馈出回路	电流	开关事故动作①、开关位置②
一般负荷馈出回路	—	开关位置

① 当场设备的技术条件允许时。

② 当断路器无可采集的开关位置信息时，可直接对断路器负荷侧带电状态进行监测。

（3）变压器设备电气数据的采集应符合表 E-3 的要求。

表 E-3　变压器设备电气数据采集要求

设备类别	模拟量（遥测）	开关量（遥信）
干式变压器	低压侧电压、低压侧电流、绕组温度	高温报警、超温跳闸
油浸变压器	低压侧电压、低压侧电流	轻瓦斯报警、重瓦斯跳闸①

① 当现场设备的技术条件允许时。

（4）直流站用电源设备电气数据的采集应符合表 E-4 的要求。

表 E-4　直流站用电源设备电气数据采集要求

设备类别	模拟量（遥测）	开关量（遥信）
直流站用电源	交流充电电压、交流充电电流、直流母线电压	直流母线绝缘异常报警

2. 环境数据采集要求

环境数据的采集应符合表 E-5 的要求。

表 E-5　环境数据采集要求

功能区域	模拟量（遥测）	开关量（遥信）
高压室	环境温度、环境湿度	烟感报警①、水浸报警
低压室	环境温度、环境湿度	烟感报警①、水浸报警
电容器室	环境温度、环境湿度	烟感报警①、水浸报警
变压器室	环境温度、环境湿度	烟感报警①、水浸报警
直流屏室	环境温度、环境湿度	烟感报警①、水浸报警

① 仅当相关功能区域未被建筑物火灾自动报警系统覆盖时设置，且在箱式变电站内不设置。

3. 视频信息采集要求

视频信息的采集应符合下列要求：

（1）视频信息的采集范围应覆盖配电室的所有设备运行区域；

（2）视频信息宜在本地存储，存储时间不应少于 7×24h；

（3）箱式变电站可不对视频信息进行采集。

4. 监测电源配置要求

监测电源配置应符合下列要求：

（1）智能运维系统数据采集层的汇聚网关及配套通信传输设备，应通过UPS装置或具备同等功能的电源装置供电，无法实现不间断电源供电时，应采用双路电源，经自动装置互投后供电；

（2）采用 UPS 电源供电的，UPS 装置自身的容量应按其所带设备总用电容量的1.2～1.5倍配置，同时电池应急供电时间不应低于0.5h。

六、通信传输

1. 数据采集层技术要求

汇聚网关和传感器之间使用工业总线、以太网或无线等方式组网。汇聚网关应支持多种常用通信规约，汇聚网关作为主站，传感器作为从站。

汇聚网关应实现对开关量和模拟量数据的处理，汇聚网关应能够保存不少于15天的采集数据。

2. 通信传输层技术要求

汇聚网关与接入网关之间使用有线互联网或移动互联网连接。汇聚网关与接入网关之间应定期发送心跳包，以避免网络链路丢失。上行通信的网络连接应具备自恢复功能。汇聚网关应能够自动补发网络连接丢失期间采集的数据。上行通信宜支持数据的加密和压缩。

3. 安全技术要求

通信安全技术要求遵照GB/T 37025的要求执行。

附录F　用电一户一案

一、基本信息

（一）用电基本信息

用电基本信息表			
用户名称	×××	用户编号	×××
供电联系人	×××	联系电话	1××××××××××
用电联系人	×××	联系电话	1××××××××××

续表

用电基本信息表		
供电电源	主供一回	××kV××变电所××kV 陶×××，A××线（专线）
	主供二回	××kV××变电所××kV 田×××，B××线（专线）
	备供一回	××kV××变电所××kV 岭×××，C××线（专线）
用电容量	A××线	×××kVA （×××kVA×1 台+×××kVA×2 台+×××kVA×3 台）
	B××线	×××kVA （×××kVA×1 台+×××kVA×2 台+×××kVA×3 台）
	C××线	×××kVA （×××kVA×1 台+×××kVA×2 台+×××kVA×3 台）
产权分界点	主供一回	××环网柜/开闭所/变电所×××××柜内出线电缆头的搭接点处为产权分界点
	主供二回	××环网柜/开闭所/变电所×××××柜内出线电缆头的搭接点处为产权分界点
	备供一回	××环网柜/开闭所/变电所×××××柜内出线电缆头的搭接点处为产权分界点
应急电源	自备发电机	×××kW（用户自备）、×××kW×4（第三方提供）
	EPS 应急电源	无
	UPS 不间断电源	×××kVA×1+×××kVA×1（第三方提供）
	移动应急电源车	×××kW×1（如有需要）

（二）客户内部运行方式

1. 10kV 运行方式

接线形式：单母线三分段。

运行方式：正常运行方式为两主一备供电；两路电源同时运行，若其中任意一路电源故障停运后由备供电源转带负荷运行。

主供一回××506××线供 1 号高压母线，下接 1 号变压器、3 号变压器和 5 号变压器。

主供二回××507××线供 2 号高压母线，下接 2 号变压器、4 号变压器和 6 号变压器。

备供××79××线供 3 号高压母线，下接 1、2、3、4、5、6 号变压器。

2. 0.4kV 运行方式

接线形式：单母线分段。

运行方式：两台配电变压器分列运行，低压侧设置低压分段（联络）开关，具备自动投切功能。

1号变压器带1号低压母线，2号变压器带2号低压母线，1号与2号母线间设有联络开关，联络开关具备自动投入（自投不自复）。

3号变压器带3号低压母线，4号变压器带4号低压母线，3号与4号母线间设有联络开关，联络开关具备自动投入（自投不自复）。

5号变压器带5号低压母线，6号变压器带6号低压母线，5号与6号母线间设有联络开关，联络开关具备自动投入（自投不自复）。

（三）重要保障负荷及应急电源配置情况

×××用户需要保障的重要负荷分别为××××，××××，××××。其中：××××包括照明、电子屏等设备，共计××kW，××××包括空调控制柜等设备，共计×××kW，××××包括×××、×××及×××、×××等设备，共计×××kW。重要负荷共××××kW，电力保障情况如下。

重要保障负荷	负荷（kW）	供电回路数量	应急保障措施	保障电源（kW）
×××	×××	××	1台UPS（第三方）+1台发电车（第三方）	UPS315+发电车315
×××	×××	××	1台UPS（用户自备）+1台发电车（用户自备）	UPS400+发电车400
合计	×××	—	2台UPS+2台发电车	UPS715+发电车715

二、客户侧安全用电保障

（一）联络人名单

总联系人：×××（1××××××××××）

联络人员名单

序号	地点	联络人	联系电话
1	×××1号中心配	×××	1××××××××××
2	×××4号配电室	×××	1××××××××××
3	×××发电机处	×××	1××××××××××
4	×××1号低压配	×××	1××××××××××

（二）通用保障措施

（1）××月××日前，客户应对其重要负荷进行全面用电安全检查，对供电电源及自备应急电源配置情况、用电设备维护管理情况、安全用电管理制度建设情况、应急管理措施等方面对其进行定期的全面安全用电检查；对检查发现的安全隐患应及时整改，确保电力设备安全正常运行。

（2）配电室里的高、低压配电柜应有编号标志，涉及重要负荷的用电在其高、低压开关应有醒目标志，且现场要有紧急故障处理操作流程方案。

（3）提供紧急故障时发电车接入点及停车位。

（4）事先准备好启动发电机的倒闸操作工作票，放在醒目位置。同时应做好应急预案，以确保此次活动期间的正常供电。

（5）××月××日前，完成所有的设备检查及整改工作。

（三）事故预想及应急处置预案

1. 内部故障

（1）瞬时故障。当出现因线路电压瞬时波动导致跳闸时，应立即与供电公司联系，在供电公司的协助下操作复电。

（2）永久故障。当发生永久性故障导致用户侧跳闸时，应迅速找出故障点并断开故障点，然后试送。若为配电室负荷处故障，首先断开故障设备的断路器及刀闸，再将非故障回路恢复正常供电，然后进行抢修。

2. 用电线路故障

（1）主供××线路故障。

1）检查备供电源带电显示灯亮，备供电源正常。

2）依次断开所有馈线断路器，确认所有馈线断路器均断开。

3）断开联络柜断路器，确认断路器已断开。

4）断开主供进线断路器，退出到试验位置，并悬挂标识牌“有人工作，严禁合闸”。

5）推进备供电源进线柜断路器，合闸。

6）检查电压指示正常。

7）合上联络柜断路器。

8）依次合上馈线柜断路器，送电到各变压器。

（2）备供××线路故障。检查备供电源带电显示灯灭，加强配电设备巡视，确保主供线路及相关设备运行正常，待活动结束后查找故障并处理。

（3）两条线路同时故障。当两路电源均故障无法供电。首先考虑启动应急电源，查看发电机和 UPS 运行情况，保障重要负荷正常运行，再将向供电公司反应停电情况，以便于及时掌握电网供电情况。

（4）倒闸操作手册。针对各自供电运行方式，有可能发生各种故障，提前编制好各种故障情况下的操作手册，并放在醒目处，定期组织值班人员学习和模拟演练，确保值班人员人人都能操作。

三、工作要求

（1）用电相关人员现场巡视、检查时应穿着统一颜色的劳保工作服、戴安全帽、穿工作鞋。工装应整齐、干净，保持个人卫生及形象整洁。工作人员身份标志佩戴应醒目规范。

（2）各类应急车辆应外观整洁、标志清晰。车辆行驶和停放应文明规范。

（3）发生线路跳闸或设备异常，值守人员必须在第一时间向负责人报告，负责人根据应急预案有序进行安排现场应急处置工作，相关管理人员应在第一时间到达事故现场并协调组织事故处置有关事宜。

附录 G　电气火灾监控系统要求

一、系统设计

1. 一般规定

（1）电气火灾监控（以下简称监控系统）系统应独立设置。设置火灾自动报警系统的场所，监控系统应作为子系统。

（2）监控系统应具备电气火灾远程服务系统接入功能，实时传送监控信息。

（3）监控系统应由下列部分或全部设备组成，并应具备预警功能：

1）电气火灾监控器、接口模块；

2）剩余电流式电气火灾探测器；

3）测温式电气火灾探测器；

4）故障电弧探测器。

（4）监控设备应具有实时监控报警和系统故障报警功能，实时显示监控数值和报警部位。

（5）独立式电气火灾探测器的监控节点数量应小于 8，否则必须配置电气火灾监控设备，并符合 GB 14285.1 的有关技术要求。

（6）监控设备所有操作应在监控设备的屏幕或面板上进行。监控设备或屏幕应设置在配电室总监控台或方便操作的位置。

（7）设置了电气火灾监控系统的工商业经营、营业场所的末端配电箱应设置电弧故障火灾探测器或限流式电气防火保护器；设备设施维护场所的末端回路应设置限流式电气防火保护器。

（8）设置在低压配电线路的电弧故障保护电器应符合下列规定：

1）电弧故障保护电器，应符合 GB/T 31143 和 GB 14285.1 的有关规定；

2）商场、超市以及人员密集场所的照明、插座回路，宜装设电弧故障保护电器；

3）储存可燃物品的库房的照明、插座回路，宜装设电弧故障保护电器。

2. 系统功能

（1）实时监测。实时监视各探测点的电压、电流、功率、电能、剩余电流和温度等状态信息。

（2）告警提醒。当平台收到报警或故障信息时，以短信、电话或 App 推送等方式通知管理人员。

（3）远程控制。具有权限的管理人员可远程对设备进行分闸、复位、消音、设置参数等操作。

（4）历史记录。所有告警信息及控制均记录入日志，方便查询追溯。

（5）数据分析。针对采集的数据进行各种模型分析，如统计报表、能耗分析等。

（6）权限管理及数据加密。平台通过对用户类型实施分级管理以实现更高的信息安全，数据通信宜采用如基于 SSL/TLS 协议的加密策略。

3. 监控节点设置

当多回路监控节点在同一配电箱柜内时，应采用多回路监控器。

4. 参数配置

（1）在监控系统设计中对监控节点剩余电流设定值应先给出设计估算值，调试时可根据监控器显示的实际正常泄漏电流值修正剩余电流设定值。

（2）温度传感器应设在配电箱柜内 L1、L2、L3、N 四个线缆（或铜排）处，温度报警设定值应在 55～85℃。

5. 在不同接地形式的配电系统中的应用

（1）监控系统中的剩余电流动作保护应与电力系统接地形式相配合。

（2）剩余电流监控节点应按不同接地方式的安装要求进行。

（3）TN-C 系统需监控剩余电流时，应将 TN-C 系统改造为 TN-C-S 系统或局部 TT 系统。

（4）TN-C-S 接地系统中，监控系统的剩余电流动作保护装置应设置在保护地线（PB 线）与中性线分开以后的部分，且 PE 线不应穿过剩余电流传感器。

二、维护管理

（1）使用单位应制定监控系统的维护管理制度，由经过专门培训并经考试合格的专人负责定期检查和维护。

（2）监控系统投入使用后，应完善下列档案管理：

1）系统设备全套使用说明书、生产企业资质、设备检验证书、出厂合格证和监控系统验收报告；

2）监控系统的维护、检查记录。

（3）每月至少对系统进行一次检查，检查内容如下：

1）对系统各部件进行外观检查，即外观及部件有无破损和丢失；

2）检查监控器的实时显示数据在正常范围内；

3）对监控器逐个进行自检和试验检查，应功能完好、动作正常；

4）检查监控设备的数据接收和事件记录完整准确。

（4）每季度至少应对系统进行一次监控报警和故障报警记录的检查。

（5）每年至少应对系统进行一次全面运行维护，并制作年度运行维护报告。

附录 H 停电清扫检查要求

一、清扫污垢

（1）清扫电气设备绝缘表面污垢，并检查有无裂纹、破损及放电闪络痕迹。

（2）清扫检查二次仪表、二次接线端子及二次回路导线有无积尘、异物。

二、紧固

（1）检查导电部分各连接点的连接是否紧固，螺栓有无松动。

（2）检查传动机构和操作机构各部位的销钉、螺栓是否脱落或缺少，操作机构的分、合闸是否灵活，运动部件和轴是否补充润滑油脂。

（3）检查配电装置架构的各部位螺栓或螺母有无松动或脱落，混凝土杆、基础有无严重裂纹、脱落。

三、导电性能

（1）检查金属连接点有无腐蚀现象，若已腐蚀，应进行处置确保导电性能良好。

（2）检查设备外壳（系指不带电的外壳）和支架、铠装电缆外皮、地线汇流排的接地线是否牢固可靠，有无断裂（断股）及腐蚀现象。

（3）检查配电装置钢架构有无锈蚀，锈蚀处应涂刷防腐漆。

四、其他

（1）对充油设备检查出气瓣是否畅通，并检查是否缺油；对充气设备检查气体压力是否在规定的气压范围内。

（2）对手车柜、抽屉柜的开关应做手动、电动合、分闸操作试验，手车或抽屉的运行位置、备用位置、检修位置应准确无误。

附录I　全负荷试验方案

一、场所全负荷运行试验准备工作

1. 全负荷试验前提条件

全负荷试验前提条件见附表I-1。

附表I-1　全负荷试验前提条件

前提条件	具体内容	是否具备
设备技术条件	场所电气设备已正式竣工送电，高低压设备已按正常方式运行，低压用电负荷基本接入，用电设备已调试完毕可投入运行	
试验器具条件	试验中所需的仪器、仪表、材料已准备齐备	
资料准备条件	高压配电装置一次系统图、元件参数、运行方式说明，变压器、高低压断路器、高低压电缆和其他相关载流元器件设计技术参数，高低压电缆敷设方式安装资料、额定载流量温度、标称截面。低压配电箱设计资料、设备元件参数，额定载流、环境技术条件。重要用电设备负荷、负荷名称、性质、用电设备容量、供用电方式，对电能质量的敏感要求、具备监测点位分布图，监测参数记录表格等	

2. 成立××场所全负荷运行试验小组

组长、副组长；
成员；
工作区域、现场负责人、操作人、测试人，例如：
场地设备与电源测试现场负责人：×××
×层 UPS 操作人：×××
×层 UPS 测试人：×××
动力设施测试现场负责人：×××
1 号发电机房操作人：×××
1 号发电机房测试人：×××

3. 人员分工与职责

（1）×××××××
（2）×××××××

4. 试验时间

×年×月×日×时至×时

5. 全负荷运行试验持续时间

本次试验持续时间为××个小时

6. 全负荷运行试验监测的具体范围

10（20）kV 高压配电系统、0.4kV 配电系统至低压公共供用电设施设备

二、具体工作安排

××时××分：指挥在现场对试验人员进行工作部署。
××时××分：参与全负荷运行试验人员按照试验要求到各自岗位。
××时：试验领导小组指挥宣布全负荷运行试验开始。

运行团队各业务口把所有负荷开启，如在试验过程中发现异常情况，及时汇报全负荷运行试验小组，并根据试验小组命令配合试验人员进行相关操作。

永久设施运行人员负责对配电室、各路出线至末端箱等设备的操作、测温、测负荷的相关工作；临时设施运行人员负责对临时设施相关设备的操作、测温、

测负荷的相关工作。

全负荷运行持续时间如下：

（1）第Ⅰ时段（×h后）。全部负荷投入运行。在正常运行方式下运行×小时。检验设备的电气特性是否达到原设计要求，设备的供电能力与实际用电需求是否相匹配。

全部负荷投入运行。在正常运行方式下设备运行×小时后开始进行测温、测负荷工作。（工作人员需完成全部设备的测温、测负荷工作）

在正常运行方式下，全负荷运行试验持续××小时，在负荷稳定后进行测试，测试完毕报试验小组组长。根据试验小组组长命令转入异常运行方式测试阶段。

（2）第Ⅱ时段（×h后）。全部负荷投入。将全部负荷倒在2路运行，1路停用。在异常运行方式下检验设备的电气特性是否达到原设计要求，设备的供电能力与实际用电需求是否相匹配。工作人员应重点监测变压器、双路客户、重载客户的负荷、温度。

（注明具体的倒闸操作步骤）

（3）第Ⅲ时段（×h后）。全部负荷投入。将全部负荷倒在1路运行，2路停用。在异常运行方式下检验设备的电气特性是否达到原设计要求，设备的供电能力与实际用电需求是否相匹配。

（注明具体的倒闸操作步骤）

工作人员应重点监测变压器、双路客户、重载客户的负荷、温度。

××时××分：组长宣布全负荷运行试验结束。所有人员检查设备是否恢复到正常运行状态。操作人签字。

（全负荷试验所用记录表格详见附表I-4～附表I-9）

三、全负荷运行试验监测的范围

场所全负荷运行试验监测的范围：10（20）kV高压配电系统、0.4kV配电系统至低压公共供用电设施设备。

四、全负荷试验注意事项

（1）全负荷运行试验方案需经场馆方同意批准。

（2）各方人员必须听从指挥安排，相互配合，严格按照测试方案进行。

（3）测试工作全过程必须做好保证人身安全、设备安全的各项技术措施和组织措施。

（4）测低压负荷时发现设备相间距离过近，不能满足测试要求时，不要强行测试，上报现场指挥，并做好记录。

（5）测试中发现设备异常，威胁设备安全运行时，应立即停止测试工作，及时上报全负荷运行试验小组组长。

（6）每一路重要负荷的温度图片都要存档，保留在计算机里。

（7）各场馆应结合设备状态检测、电气自动装置带负荷传动试验等相关工作，统筹安排全负荷试验计划。

五、安全措施

（1）明确各组负责人及人员分工，试验过程中要求所有参加试验人员服从指挥。

（2）由操作人员按规定进行现场试验设备操作。

（3）试验过程中如果发生意外事件，应服从指挥命令处理，不应擅动设备和接线。

六、全负荷测试结果分析

测试结果的分析方法是用实测值与设计要求、标准值进行对比。

七、场所电力全负荷试验各部门联系表

场所电力全负荷试验各部门联系表见附表 I-2。

附表 I-2　场所电力全负荷试验各部门联系表

场所部门	联系人	联系电话	备注

八、场所各专业小组联系表

场所各专业小组联系表见附表 I-3。

附表 I-3　场所各专业小组联系表

测试小组	联系人	单位	测试区域	备注
动力设施测试组				
技术负荷测试组				
配电发电测试组				
其他照明测试组				
××××				

说明：根据各场所设备的实际情况确定试验人员的数量、区域、内容。

附表 I-4 配电房温度

配电房	温度（℃）	室外温度（℃）

附表 I-5 10（20）kV 设备

名称	母线电压（kV）	负荷电流（A）	功率因数	进线头电缆温度（℃）	主进开关母线电气连接处温度（℃）	电缆与断路器连接处温度（℃）	高压电缆温度（℃）	操作人	备注

附表 I-6 变压器

名称	高压侧电压			高压侧电流			低压侧电压			低压侧电流			低压N线零序电流	铁芯温度	分接头连接处	分接头绕组连接件	线圈的温度	低压母排连接处所有螺栓	操作人	备注
	A	B	C	A	B	C	A	B	C	A	B	C								

附表 I-7 0.4kV 设备

名称	低压母线的负荷电流	低压断路器的电流限额	低压断路器的负荷电流	隔离开关的负荷电流	插接头电气元器件电流	电气载流器件部位温度	低压电容器温度	操作人	备注

附表 I-8 低压配电箱

名称	电气元器件							电气连接线							连接部位温度	断路器电缆搭头处	操作人	备注
	电流				电压			电流				电压						
	A	B	C	N	A	B	C	A	B	C	N	A	B	C				

附表 I-9 对电能质量敏感的重要负荷

名称	谐波监测	电压波动	操作人	备注

附表 I-10　重要用电设备或容量较大的设备

名称	启动电流	正常负荷电流	电压	操作人	备注

附表 I-11　低压馈线路

名称	馈线电流				开关温度	电缆桩头温度	操作人	备注
	A	B	C	N		ABC		

附表 I-12　UPS

名称	环境温度	主机温度	出线桩头温度	连接部件温度

附表 I-13　临时负荷接入申请单

场馆				
申请单位			申请日期	年　月　日
联系人姓名		联系电话		
接入负荷名称				
单位（台、套）				
数量				
容量（kW）				
电压（V）				
单相/三相				
负荷性质				
用电地点				
接入点（插座/馈电箱）				
接入示意图				
合计容量	kW	其中单相负荷	kW；三相负荷	kW

场馆审核意见：

签章：　　　　年　月　日

附表 I-14 现场值守巡视表

序号	巡视表名称
1	高压配电房巡视记录
2	变压器巡视记录
3	ATS 设备状态巡视检查表
4	UPS（EPS）巡视记录表
5	发电机（车）巡视记录表

附表 I-15 高压配电房巡视记录

配电房名称： 天气： 室温： 日期： 年 月 日

设备名称	检查项目	检查结果	异常情况详述
母线	母线电压	A. B. C.	
开关柜面板	开关面板上开关分、合闸指示灯，弹簧储能指示灯，手车试验位置、工作位置指示灯	正常□ 异常□	
高压断路器、负荷开关（柜、间隔）	断路器油位、SF_6压力、真空度正常；位置显示装置、带电显示装置工作指示正确；柜体内有除湿装置；操动机构正常	正常□ 异常□	
	闸刀（隔离开关）及负荷开关的固定触头与可动触头接触良好，无发热现象；操动机构和传动装置应完整、无断裂；操作杆的卡环和支持点应不松动、不脱落	正常□ 异常□	
	负荷开关的灭弧装置完整无损	正常□ 异常□	
	高压熔断器的熔丝管应完整，无裂纹，导电部分应接触良好，保护环不应缺损或脱落；高压跌落式熔断器、熔丝管应无变形，接触良好	正常□ 异常□	
	断路器内有无放电声和电磁振动声	正常□ 异常□	
计量	负控终端装置外观完好，显示正常，无报警灯异常现象。跳闸回路已拆除	正常□ 异常□	
直流屏、控制屏	表计指示正常，指示灯明亮，直流装置内部应无异常声响。直流元件无损坏、发热焦臭气味	正常□ 异常□	
	检查浮充电运行的蓄电池浮充电电流，硅整流工作指示正常	正常□ 异常□	
	电池外观有无变形、有无漏液	正常□ 异常□	
TV 柜、继电保护装置	保护装置显示是否正常	正常□ 异常□	
	各开关红绿灯是否与开关运行位置相符，母线电压互感器切换开关的位置与所测母线位置是否相符	正常□ 异常□	
	压板及切换开关位置是否与运行要求一致，各种信号指示是否正常，直流母线电压是否正常	正常□ 异常□	
电缆	电缆接头温度	正常□ 异常□	
其他			

说明：1. 各场馆可根据本场馆的实际情况做修改。
2. 发现异常设备，需填写设备名称及异常现象。

附表 I-16 变压器巡视记录

配电房名称： 天气： 室温： 日期： 年 月 日

变压器检查内容（油浸式□ 干式□）			
设备名称	检查项目	检查结果	异常情况详述
变压器	编号		
变压器	容量（kVA）		
油浸式变压器	型号		
	容量是否与合同一致	是□ 否□	
	是否过负荷运行	是□ 否□	
	本体外观	正常□ 异常□	
	套管	正常□ 异常□	
	引线接头温度是否正常	正常□ 异常□	
	有无明显异常声响	有□ 无□	
	温度计刻度整定值	正常□ 异常□	
	温控冷却装置	正常□ 异常□	
	外壳接地连接	正常□ 异常□	
	分接开关	正常□ 异常□	
	绝缘油油位、油色、渗漏情况	正常□ 异常□	
	硅胶颜色	正常□ 异常□	
	命名及安全警示牌	正常□ 异常□	
	其他		

变压器检查内容			
设备名称	检查项目	检查结果	异常情况详述
干式变压器	型号		
	容量是否与合同一致	是□ 否□	
	是否过负荷运行	是□ 否□	
	引线接头温度	正常□ 异常□	
	有无明显异常声响	有□ 无□	
	温控器温度显示（℃）		
	冷却器风扇状态	正常□ 异常□	
	外壳接地连接	正常□ 异常□	
	分接开关	正常□ 异常□	
	命名及安全警示牌	正常□ 异常□	
	其他		

说明：各场馆可根据本场馆的实际情况做修改。

附表 I-17 ATS 设备状态巡视检查表

序号	ATS 位置名称	检查内容	记录
1	1 号配电柜 ATS	ATS 是否工作在正常状态	是□ 否□
		ATS 是否工作在主供电源位置	是□ 否□

续表

序号	ATS 位置名称	检查内容	记录
1	1 号配电柜 ATS	ATS 备供电源侧是否带电	是□　否□
		ATS 是否工作在自投不自复状态	是□　否□
		ATS 三相电流	A 相：　A，B 相：　A，C 相：　A
2	2 号配电柜 ATS	ATS 是否工作在正常状态	是□　否□
		ATS 是否工作在主供电源位置	是□　否□
		ATS 备供电源侧是否带电	是□　否□
		ATS 是否工作在自投不自复状态	是□　否□
		ATS 三相电流	A 相：　A，B 相：　A，C 相：　A
3	2 号配电柜 ATS	ATS 是否工作在正常状态	是□　否□
		ATS 是否工作在主供电源位置	是□　否□
		ATS 备供电源侧是否带电	是□　否□
		ATS 是否工作在自投不自复状态	是□　否□
		ATS 三相电流	A 相：　A，B 相：　A，C 相：　A

附表 I-18　UPS（EPS）巡视记录表

序号	UPS（EPS）名称	检查内容	记录
1		是否工作在正常的运行状态	是□　否□
		UPS（EPS）输出电压	L1-2:　V，L2-3:　V，L3-1:　V
		UPS（EPS）输出电流	L1:　A，L2:　A，L3:　A
		UPS（EPS）运行模式	正常操作□　旁路□　检修□
		系统运行模式	充电　□　逆变器□
		剩余运行时间	时　分
		输出频率	Hz
		总输出功率	kVA（　%），　kW
		输出功率	L1:　kVA，　kW L2:　kVA，　kW L3:　kVA，　kW
2		是否工作在正常的运行状态	是□　否□
		UPS（EPS）输出电压	L1-2:　V，L2-3:　V，L3-1:　V
		UPS（EPS）输出电流	L1:　A，L2:　A，L3:　A
		UPS（EPS）运行模式	正常操作□　旁路□　检修□
		系统运行模式	充电　□　逆变器□
		剩余运行时间	时　分
		输出频率	Hz
		总输出功率	kVA（　%），　kW
		输出功率	L1:　kVA，　kW L2:　kVA，　kW L3:　kVA，　kW

续表

序号	UPS（EPS）名称	检查内容	记录
3		是否工作在正常的运行状态	是□　否□
		UPS（EPS）输出电压	L1-2:　V，L2-3:　V，L3-1:　V
		UPS（EPS）输出电流	L1:　A，L2:　A，L3:　A
		UPS（EPS）运行模式	正常操作□　旁路□　检修□
		系统运行模式	充电□　逆变器□
		剩余运行时间	时　分
		输出频率	Hz
		总输出功率	kVA（　%），　kW
		输出功率	L1:　kVA，　kW L2:　kVA，　kW L3:　kVA，　kW

附表 I-19　发电机（车）巡视记录表

检查项目	检查结果	异常情况详述
型号		
容量（kW）		
油量（持续时间）（h）		
闭锁方式	电气□　机械□	
签订协议情况	已签订□　未签订□	
接入位置		
保障负荷（kW）		
启动方式	自动□　手动□	
启动时间（s）		
蓄电池	正常□ 异常□	
试运行情况	正常□ 异常□	
维保情况	正常□ 异常□	
其他		

附录J　术语和定义

1　重要电力用户 important power consumer

在国家或者一个地区（城市）的社会、政治、经济生活中占有重要地位，供电中断将可能造成人身伤亡、较大环境污染、较大政治影响、较大经济损失、社会公共秩序严重混乱的用电单位或对供电可靠性有特殊要求的用电场所。

2　重大活动 important activity

具有重大影响和特定规模的政治、经济、科技、文化、体育等活动。

3　自备应急电源 self-emergency power supply

在主供和备用电源全部发生中断的情况下，由用户自行配备的、能为用户保安负荷可靠供电的独立电源。

4　允许断电时间 allowable outage time

电力用户的保安负荷所能容忍的最长断电时间。

5　［电力］用户［power］ consumer

从公共电网接受电力供应的一方。

6　有人值班配电室 manned distribution room

按照相关安全运行规范和标准中对配电室安全运行的岗位和人数要求，需要设置固定运行维护值班岗位的配电室。

7　设备状态量 equipment condition indicators

直接或间接表征设备状态的各类信息，如数据、声音、图像、现象等。

8　巡查 routine inspection

为掌握设备状态而对设备进行的巡视和检查。

9　例行试验 routine test

获取设备状态量，评估设备状态，及时发现事故隐患，定期进行的各种带电检测和停电试验。

10　诊断性试验 diagnostic test

巡检、在线监测、例行试验等发现设备状态不良，或经受了不良工况，或受家族缺陷警示，或连续运行了较长时间后，为进一步评估设备状态而进行的试验。

11　带电检测 energized test

在运行状态下对设备状态量进行的现场检测。

12　初值 initial value

能够代表状态量原始值的试验值。初值可以是出厂值、交接试验值、早期试验值、设备核心部件或主体进行解体性检修之后的首次试验值等。

13　初值差 initial value difference

状态量的当前测量值偏离初值的程度，一般用（当前测量值–初值）/初值的百分数表示。

14　注意值 attention value

状态量达到该数值时，设备可能存在或可能发展为缺陷。

15　警示值 warning value

状态量达到该数值时，设备已存在缺陷并有可能发展为故障。

16　特别重要设备 particularly important equipment

在配电网中所处位置特别重要，以及对政府部门发文确认的特级重要用户、一级重要用户供电的配电网设备，包括直接影响特级重要用户、一级重要用户安全供电的配电网设备。

17　重要设备 important equipment

在配电网中所处位置重要，以及对政府部门发文确认的二级重要用户供电的配电网设备，包括直接影响二级重要用户安全供电的配电网设备。

18　一般设备 general equipment

除特别重要设备和重要设备外的配电网设备。

19　A 类检修 maintenance of class A

整体性检修，对配电网设备进行较全面、整体性的解体修理、更换。

20　B 类检修 maintenance of class B

局部性检修，对配电网设备部分功能部件进行局部的分解、检查、修理、更换。